Spring Cloud 开发实战

徐文聪 编著

电子工业出版社

Publishing House of Electronics Industry

北京·BEIJING

内 容 简 介

本书从 Spring Cloud 框架的各个组件讲起，结合 Spring Cloud 实例和基础知识进行讲解，重点介绍使用 Spring Boot 进行服务端开发和使用 Spring Cloud 进行微服务应用程序开发，让读者不但可以系统地学习 Spring Cloud 编程的相关知识，而且能对 Spring Cloud 应用开发有更为深入的理解。

本书分 14 章，涵盖的主要内容有 Spring Cloud 微服务简介、微服务开发工具、注册中心、Feign 客户端、Ribbon 负载均衡器、Config 配置中心、第三方配置中心、Zuul 网关、Gateway 网关、Admin 管理中心、文档管理工具、MongoDB 数据库、Redis 缓存、异步消息队列 Kafka。

本书内容通俗易懂，在组件介绍中有机地结合基础知识点进行详细的讲解，让读者在了解微服务框架的同时，复习了一遍计算机编程的基础知识，如网络协议和概念等。本书不仅适合 Spring Cloud 语言的入门读者和进阶读者阅读，还适合 PHP 程序员等其他编程爱好者阅读，对于想了解编程和微服务的产品经理也能提供很大的帮助。

图书在版编目（CIP）数据

Spring Cloud 开发实战 / 徐文聪编著. —北京：电子工业出版社，2021.6

ISBN 978-7-121-41118-2

Ⅰ. ①S…　Ⅱ. ①徐…　Ⅲ. ①互联网络－网络服务器　Ⅳ. ①TP368.5

中国版本图书馆 CIP 数据核字（2021）第 081768 号

责任编辑：李　冰　　文字编辑：张梦菲　　特约编辑：武瑞敏

印　　　刷：北京虎彩文化传播有限公司

装　　　订：北京虎彩文化传播有限公司

出版发行：电子工业出版社

　　　　　北京市海淀区万寿路 173 信箱　　邮编：100036

开　　本：787×1 092　1/16　印张：20.25　字数：424 千字

版　　次：2021 年 6 月第 1 版

印　　次：2024 年 7 月第 3 次印刷

定　　价：95.00 元

凡所购买电子工业出版社图书有缺损问题，请向购买书店调换。若书店售缺，请与本社发行部联系，联系及邮购电话：（010）88254888，88258888。

质量投诉请发邮件至 zlts@phei.com.cn，盗版侵权举报请发邮件至 dbqq@phei.com.cn。

本书咨询联系方式：libing@phei.com.cn。

前　言

　　Spring Cloud 技术是目前 Java 微服务开发使用最广泛的技术之一。随着微服务思想的推广，Spring Cloud 因其简单易用、组件丰富，以及便于快速开发部署、配置和监控等特性被越来越多的开发者用于各种场景中。

　　笔者在使用过程中就深深感受到了 Spring Cloud 的便捷和强大，它提供了一整套的微服务解决方案，如 Eureka 注册中心、Zuul 和 Gateway 服务网关、Hystrix 断路器、Ribbon 负载均衡器，以及分布式配置 Spring Cloud Config，每种组件配置都能无缝接入。

本书特色

　　本书的特色是内容丰富翔实，讲解每种组件时不仅针对一个实例，而且结合相关的知识进行扩展，并通过生活中的实例进行对比，将比较深奥的原理讲解得通俗易懂。

　　（1）内容翔实，覆盖了 Spring Cloud 微服务框架的大部分常用技术组件。

　　（2）深入浅出，将一些复杂的技术原理描述分析得通俗易懂，使复杂的问题简单化。

　　（3）理论和代码相结合，能让读者在实战中理解一个技术点的原理和应用。

　　（4）结合当下最热门和最新的技术点。

　　（5）对一些开发中遇到的问题进行深入的剖析。

本书内容

　　本书的内容如下。

　　（1）Spring Cloud 微服务简介：介绍 Spring Cloud 的大致结构和框架、微服务的优缺点，以及与 Spring Boot 的关系。

　　（2）微服务开发工具：包括一些快捷键的使用、文件的搜索和查看、代码调试技巧、第三方组件等。

　　（3）注册中心：介绍注册中心的启动和配置。

（4）Feign 客户端：介绍 Feign 声明式客户的使用方法、服务降级、安全认证、超时配置、重试机制、熔断功能和负载均衡。

（5）Ribbon 负载均衡器：介绍 Ribbon 负载均衡器的服务端和客户端实例、超时配置、路由配置及负载均衡的机制等。

（6）Config 配置中心和第三方配置中心：介绍原生的 Spring Cloud Config、阿里开源的 Nacos、携程的 Apollo 及经典的 ZooKeeper。

（7）Zuul 网关和 Gateway 网关：介绍网关的使用方式、路由规则，以及过滤器的配置、全局和局部的限流处理等。

（8）Admin 管理中心：介绍 Admin 作为 Spring Cloud 的后台提供的一系列功能，如健康检查、监控警告、服务日志等。

（9）文档管理工具：介绍文档管理工具 Swagger 集成到项目中的方式及注解方法，Postman 的流程和操作使用方法。

（10）MongoDB 数据库：介绍 MongoDB 数据库的结构和特点，不同版本采用的存储引擎，MongoDB 4.0 以上的事务管理功能。

（11）Redis 缓存：介绍 Redis 的常用操作指令、集合哈希等基本结构，缓存算法、数据淘汰策略、集群模式等高级功能，缓存雪崩、缓存穿透和缓存击穿等异常情况。

（12）异步消息队列 Kafka：介绍 Kafka 的定义、环境部署，以及消息协议等基本功能，以及分区机制、副本机制、备份机制、文件存储机制、消息持久化等高级功能。

本书的思维导图如下。

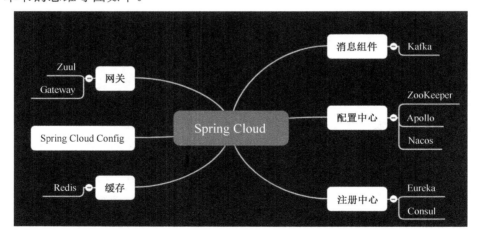

本书读者对象

（1）Java 和微服务初学者。

（2）各类计算机培训班学员。

（3）各计算机、非计算机专业的大中专院校实习学生。

（4）需要微服务入门工具书的人员。

（5）对微服务架构和 Spring Cloud 框架有兴趣的各类人员。

（6）想了解最新软件开发技术的爱好者。

目　录

## 第 1 章

Spring Cloud 微服务简介

本章将对微服务框架 Spring Cloud 进行初步介绍，主要包括 Spring Cloud 的基本概念、组成结构、应用场景，以及其相对于传统应用架构的区别和优势，并介绍当前热门的几款微服务架构和开发中的选型,最后简单介绍 Spring Boot 和 Spring Cloud 的关联。通过对本章内容的学习，读者可以对 Spring Cloud 有一个总体的了解。

1.1　单体应用架构

1.1.1　单体应用架构简介

如果要了解微服务架构，就要先了解它的前身——单体应用架构。软件架构的初期基本是单体应用架构，它的特点是所有功能都集中在一个项目中。例如，一个 web-app 的项目包含了 Auth（鉴权）、Mall（商城）、Order（订单）、Pay（支付），甚至混合 Mobile（移动端）、Admin（管理后台），部署时打成一个 war 包放到 Tomcat 服务器的 Webapp 中执行。单体应用架构如图 1-1 所示。

图 1-1　单体应用架构

1.1.2　单体应用架构的优势

单体应用架构在软件结构初期就风靡一时，必然有其强大的优势，主要可以归纳为以下几点。

（1）结构简单，便于开发：一个单体结构就是一个项目，所有的业务功能开发和单元测试都在上面进行。

（2）部署方便，运维成本低：单体项目是打成一个 war 包或 jar 包进行部署的，开发者自己就能完成，无须专门的运维团队，这对于资金不足的初创公司来说既能节约成本，还能使产品快速地上线迭代和推广。

1.1.3　单体应用架构的劣势

单体应用架构的劣势也很明显，尤其是在互联网时代，各项业务功能飞速迭代，如果继续采用单体应用架构，那么整个项目会越来越庞大，部署起来相当令人头疼，如果某个功能出现了 bug，整个线上项目都会受到影响。当项目开发的成员越来越多时，就会遇到协同开发和功能版本迭代的问题，这是单体应用架构所无法满足的，因此，单体应用架构目前正逐渐被更灵活的微服务架构所取代。

1.2　微服务架构

1.2.1　微服务架构简介

微服务架构是一种架构模式，它将一个大的项目拆分成易于维护并且可以独立部署的小型服务，通过构建服务提供者和消费者的关系，采用 REST API 的方式，实现相互调用，并且支持扩展集群，极大地提高了项目的健壮性和可维护性。

1.2.2　微服务的来源

微服务的概念最早是由英格兰程序员 Martin Fowler 在 2014 年提出的，其目的是通过一套微小的服务来开发一个大项目，每个服务独立部署、相互独立，不同服务之间通过轻量级机制（如 HTTP）进行通信，实现项目去中心化，这与当前流行的比特币去中心化的思想相似。

1.2.3　微服务的优点

微服务主要有以下几个优点。

（1）各个服务独立部署，互不影响：这应该是微服务最大的特点，每个模块单独运行，不受其他模块的影响，做到最大限度地解耦。例如，一个项目的购物车模块出现了问题，但下单和支付不受影响，用户还是能正常下单，这样就会使产品的损失降到最小。

（2）更高效的团队协作：每个开发团队各司其职，负责好自己对应的模块。

（3）减少冗余代码：一些公共服务可以单独提取出来作为依赖，当其他模块需要时，直接引入即可，方便快捷，无须重复开发。

（4）多平台支持：因为微服务之间是通过 REST 协议进行调用的，一个功能只需要提供对外的 HTTP 接口即可供其他服务调用。例如，有些公司可能存在跨部门不同语言的差异，如果使用微服务就能很好地解决跨部门语言协作的问题。

1.2.4　微服务的缺点

任何事物都有两面性，微服务当然也不是完美无缺的，它也存在一些缺点。

（1）运维难度大幅提升：相较于单体应用，微服务将功能都独立开来，这就需要部署更多的服务和模块，并且也为追踪定位线上的异常问题增加了不少难度，需要接入链路体系，这就需要一个强大的运维团队作为支撑。

（2）分布式提高了开发的难度：使用微服务架构就意味着必须使用分布式，从而增加了项目的复杂度。

虽然微服务存在一些缺点，但在技术日新月异的今天，开发者已经研发出很多解决方案，大家需要带着学习的心态去学习新技术，这样才不会被高速发展的互联网时代所淘汰。

1.2.5　微服务架构的选择

当前比较热门的微服务框架有以下几个。

（1）Spring Cloud。Spring Cloud 是目前社区最活跃的微服务技术框架，它提供了完整的分布式系统解决方案，并封装了很多微服务组件。

（2）Dubbo。Dubbo 在国内可以说是如雷贯耳，它是阿里巴巴中间件团队开源的一款高性能、轻量级的服务框架，通过 RPC 实现服务的输入与输出。淘宝自行研发了一套 RPC 框架 HSF（High-speed Service Framework）之后，就逐渐停止了 Dubbo 的更新维护。但令开发者振奋的是，2018 年年初阿里巴巴宣布重启对 Dubbo 的维护，并且 Dubbo 正式成为 Apache 基金会的孵化项目。目前，Dubbo 和 HSF 属于同一个团队开发，因此其技术实力是值得开发者信赖的。

Dubbo 主要有三大核心功能：远程方法调用；智能容错和负载均衡；服务自动注册和发现。

需要注意的是，Dubbo 基于 Netty 的 TCP 及二进制的数据传输，而 Spring Cloud 则基于 HTTP 传输。

（3）Dubbox。Dubbox 就是基于阿里巴巴开源框架 Dubbo 做的二次开发，并进行了一些扩展，主要的扩展内容如下。

① 支持 REST 远程服务调用。

② Spring 升级为 3.x 版本。

③ 升级成 ZooKeeper 客户端。

④ 支持基于 Jackson 的 JSON 序列化实现。

⑤ 支持基于 Kryo 和 FST 的高效序列化实现。

（4）Motan。Motan 是新浪微博 2016 年开源的一个 Java 框架，这套框架目前主要服务于微博平台，支撑了微博每日千亿级别的流量和服务调用，但因其功能没有 Dubbo 那么完善，并且缺乏活跃的社区支持，所以使用的开发者较少。

（5）Istio。Istio 是由 VMware 的工程师创立的项目，由于 VMware 本身就是一家做虚拟化产品的公司，因此 Istio 带有类似的技术特征，适用于容器（Docker）和虚拟机环境（如 Kubernetes），其核心组件主要有 Proxy（代理）、Mixer（混合器）、Pilot（引导）、Citadel（堡垒）、Galley（配置管理）。

Istio 可以通过 HTTP、gRPC、WebSocket 和 TCP 实现自动负载均衡，通过丰富的路由规则、故障重试和注入对流量进行细粒度的控制，并且拥有一套身份验证和授权机制，可以实现集群中安全高效的服务通信。

因为本书重点讨论的是 Spring Cloud 的技术框架，所以对 Dubbo、Istio 等微服务框架只做简单介绍，感兴趣的读者可以对上述微服务框架做进一步的研究。

1.3　Spring Cloud 介绍

1.3.1　Spring Cloud 的概念

Spring Cloud 是由众多开源子项目组成的框架集合，它集成了 Netflix OSS 很多优秀的开源组件，融合了如服务注册和发现、配置中心、负载均衡、数据监控等分布式系统基础功能，让开发者能很轻松地通过 Spring Cloud 部署一个分布式系统项目。

1.3.2 Spring Cloud 的组件

Spring Cloud 之所以能形成一个完整的微服务生态，与它旗下的众多组件是密不可分的，如 Eureka、Feign、Ribbon 和 Zuul 等，这些组件会在后面的章节进行详细介绍，此处不再赘述。

1.3.3 Spring Cloud 版本介绍

Spring Cloud 从开源至今，迭代了多个版本，这里要注意的是，Spring Cloud 的版本命名不是以数字版本的格式命名的，而是以英文名称命名的，这些英文名称取自伦敦地铁站的名称。Spring Cloud 是由很多不同的子项目组成的一个综合项目，如 Spring Cloud Config、Spring Cloud Bus 等，因为不同的子项目有自己的开发周期和版本更新时间，所以为了便于管理和协调主项目和不同子项目之间的依赖，就采用了英文命名法，并且按照英文字母 A～Z 的顺序依次迭代。例如，第一个版本是 Angel，第二个版本是 Brixton，目前已经轮到了 G 开头的 Greenwich，当某个版本有一些更新或 bug 修复时，就会发布一个 SR（x）版本。

开发者可以通过官网或 Maven 地址查看 Spring Cloud 的最新版本，不同版本有对应的 Spring Boot 版本，目前最新版本是 2.1.x 版本。

从表 1-1 中可以看出，Spring Cloud 版本和 Spring Boot 版本的依赖关系。

表 1-1 Spring Cloud 版本和 Spring Boot 版本的依赖关系

Spring Cloud 版本	Spring Boot 版本
Greenwich	2.1.x
Finchley	2.0.x
Edgware	1.5.x
Dalston	1.5.x
Camden	2.4.x
Brixton	1.3.x
Angel	1.2.x

1.3.4 Spring Boot 简介

Spring Boot 是一个建立在 Spring 框架之上，并简化 Spring 开发的 Java 框架，它提供了一种简单快速的方法来配置和运行 Web 应用程序，Spring Boot 目前由 Pivotal 公司负责开发维护（Pivotal 公司是戴尔公司的子公司）。

1.3.5 Spring Boot 和 Spring Cloud 的关系

Spring Cloud 是基于 Spring Boot 搭建的，Spring Boot 将不同功能提取成对应的启动器（starters）。例如，Web 启动器 spring-boot-starter-web，Aop 启动器 spring-boot-starter-aop，在开发中需要用到什么功能，将对应的启动器引入即可，不用做重复的依赖。Spring Cloud 和 Spring Boot 的关系如图 1-2 所示。

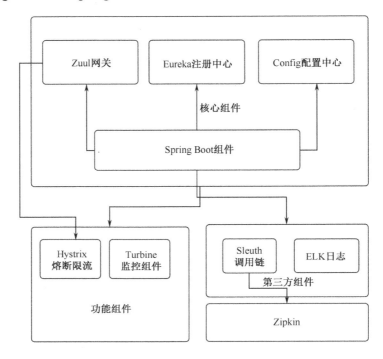

图 1-2　Spring Cloud 和 Spring Boot 的关系

1.4　本章小结

本章主要介绍了单体应用架构的优劣势，以及微服务架构的产生背景、理论概念及架构设计，提供了目前可供开发者选择的几大热门微服务架构，并且对 Spring Cloud 和 Spring Boot 进行了初步的介绍，让读者对 Spring Cloud 的整体架构有所了解。

## 第 2 章

微服务开发工具

所谓"工欲善其事，必先利其器"。熟练掌握一个好用的开发工具能让开发者在编程中事半功倍。

如果是 Java 开发者，IDEA 是目前业界公认最好用的开发工具。

2.1 IDEA 基本配置

2.1.1 IDEA 的安装

官方提供了两种版本下载，分别是专业版和社区版，专业版是付费的，社区版是免费的，并且兼容了 3 个平台（Windows、Mac、Linux），开发者可以根据自己的需求选择对应的版本。

除了 IDEA，JetBrains 公司旗下还有很多同款风格的开发产品，如 PhpStorm、PyCharm、Kotlin 都成了 PHP、Python 和安卓开发领域的首选，其功能非常强大。可以说 JetBrains 的"全家桶"基本满足了开发者日常开发中大部分的需求。

2.1.2 字体设置

IDEA 默认初始的字体和行间距比较窄小，如果开发过程中觉得字体和行间距不合适，可以手动设置字体大小和行间距，建议把字体设置得大一些，这样眼睛不容易疲劳，IDEA 字体和行间距的设置方式如图 2-1 所示。

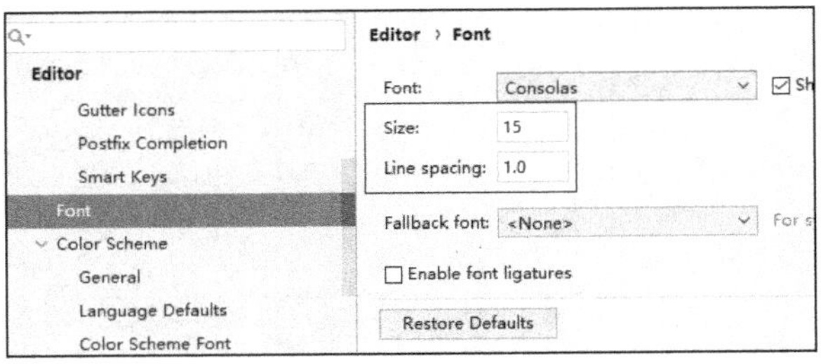

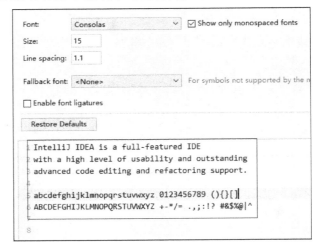

图 2-1　IDEA 字体和行间距的设置方式

在下面的 Restore Defaults 区域中可查看同步配置的实时效果，具体如图 2-2 所示。

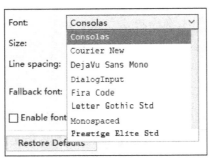

图 2-2　查看同步配置的实时效果

Font 提供了多种风格的字体设置，可以根据自己的喜好选择对应的风格，这里默认是 Consolas，Courier New 和 Monospaced 也是比较常用的，字体风格设置如图 2-3 所示。

图 2-3　字体风格设置

这几种风格的字体大小默认都是一样的，重新设置字体风格之后还需要重新设置字体大小。

2.1.3　自动编译开源

在 Compiler 下选中 Build project automatically 复选框，设置自动编译，这样当依赖或代码变更时会自动编译，就可以缩短启动所需的时间，自动编译开源设置如图 2-4 所示。

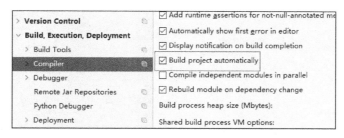

图 2-4　自动编译开源设置

2.1.4　代码提示设置

有时候一些代码规则可以设置高亮提示，有助于规范代码的书写方式和结构，代码提示设置如图 2-5 所示。

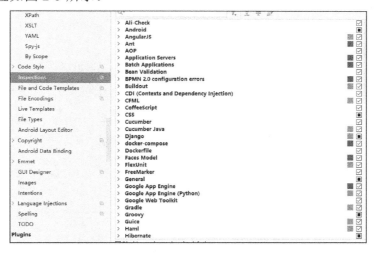

图 2-5　代码提示设置

2.1.5　Tab 多行显示

一般开发时需要同时打开多个编辑框（笔者一般打开 20～30 个），如果单行显示，就会有一些 Tab 隐藏起来，需要手动去查找，非常不方便，因此可以设置多行显示，取消单行显示，这样不用浪费时间在查找编辑框上，Tab 多行显示设置如图 2-6 所示。

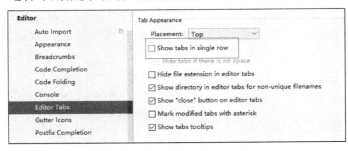

图 2-6　Tab 多行显示设置

取消单行显示之后，在 Tab Closing Policy 选项区域中的 Tab limit 文本框中输入最大限制，这个开发者可以根据自己的需要来设置，当然也不要设置太多，否则会压缩编辑区域的范围，根据笔者设置的体验，20～25 个是比较合适的。Tab 数量限制的配置选项如图 2-7 所示。

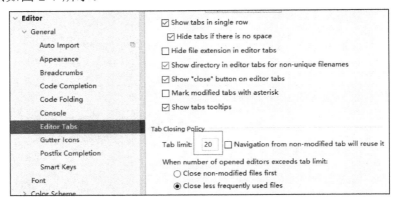

图 2-7　Tab 数量限制的配置选项

这样就能显示多行配置了，设置完成之后需要重新启动 IDEA，然后就可以看到多行 Tab 的显示效果了，如图 2-8 所示。

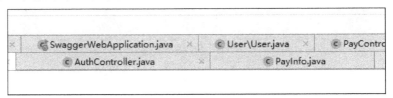

图 2-8　多行 Tab 的显示效果

如果觉得 Tab 过多，可以关掉除当前窗口之外的其他窗口，如图 2-9 所示。

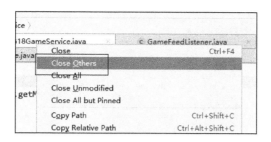

图 2-9　关闭其他窗口

2.1.6　去掉行尾空格

自动去掉每行结尾的空格，如图 2-10 所示。

图 2-10　自动去掉行尾空格

Vitual Space 选项区域中的 Allow placement of caret inside tabs 和 Show virtual space at file bottom 选项分别表示允许在选项卡中放置插入符号和在文件底部显示虚拟空间。

2.1.7　设置行号显示

设置行号有一个很重要的作用，就是在出现异常报错时能快速地定位问题的所在位置。显示行数设置如图 2-11 所示。

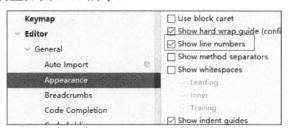

图 2-11　显示行数设置

编辑框行号显示效果如图 2-12 所示。

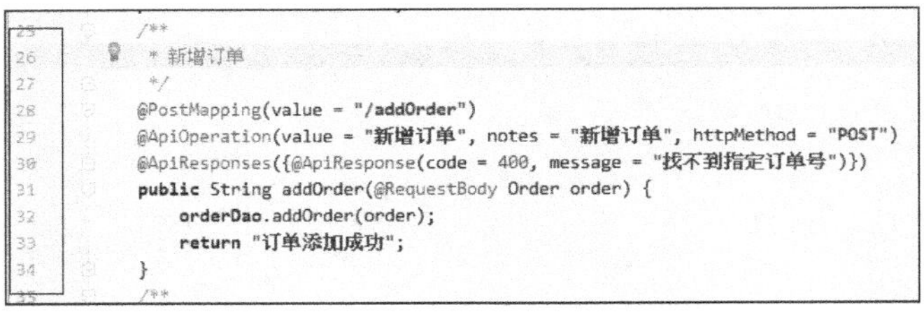

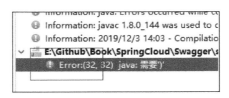

图 2-12　编辑框行号显示效果

因为这样更加方便确定异常报错位置，如图 2-13 所示。

图 2-13　异常所在行数提示

使用 Ctrl+G 组合键后弹出 Go to Line/Column 对话框，按照格式输入行号和列号，就能把光标定位到指定的位置。这对于定位错误，尤其是遇到一个有几千行代码的文件时，非常方便。跳转到指定位置如图 2-14 所示。

图 2-14　跳转到指定位置

第一个数字表示代码的行数，第二个数字表示代码的列数。

2.1.8　项目文件编码

有时在开发中会出现输出的日志存出乱码的现象，这是由于编码不一致导致的，因此需要把项目设置成统一的编码格式。编码设置路径为 File→Settings→Editor→File Encodings，如图 2-15 所示。

把项目默认编码设置为 UTF-8，因为 UTF-8 编码是基于 Unicode 的实现，适用于全球所有字符。

这里还有一个文件 BOM 头的问题，所谓 BOM，就是指在使用微软自带的编辑软件（如记事本等）保存一个 UTF-8 编码的文件时，会在文件开始的位置插入 3 个不可见的字符（0xEF、0xBB、0xBF），因此在创建 UTF-8 编码文件时设置为不带 BOM，如图 2-16 所示。

图 2-15　默认编码设置路径

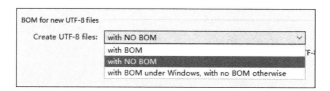

图 2-16　不带 BOM 文件

2.1.9　自动导入包

当在 pom.xml 文件中引入新的依赖，或者其他包有更新时，设置自动导入包，如图 2-17 所示。

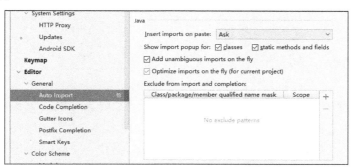

图 2-17　设置自动导入包

2.2　IDEA 快捷键

IDEA 提供了很多快捷键，熟练使用一些常用的快捷键，可以帮助编程者提高代码开发速度。

2.2.1 快捷键函数收尾

组合键：Ctrl+Shift+Enter。使用此组合键可以帮助开发者做一些简单的收尾工作，如添加分号、补充括号等，但仅针对当前行，这个组合键并不能给所有的行进行收尾，收尾效果如图 2-18 所示。

```java
public UserDTO show(@RequestParam(value = "id") Long id) {
    ServiceInstance instance = client.getLocalServiceInstance();
    UserDTO dto = new UserDTO();
    dto.setUid(id);
    dto.setUserName("winson");
    dto.setEmail("winsonxu@gmail.com");
    dto.setCreateTime(System.currentTimeMillis()|)
    return dto;
    return null;
}
```

图 2-18　快捷键函数收尾效果

用上面这个收尾指令就可以把当前行的代码补充完整，效果如图 2-19 所示。

```java
ServiceInstance instance = client.getLocalServiceInstance();
UserDTO dto = new UserDTO();
dto.setUid(id);
dto.setUserName("winson");
dto.setEmail("winsonxu@gmail.com");
dto.setCreateTime(System.currentTimeMillis());
return dto;
return null;
```

图 2-19　函数收尾效果

2.2.2 去掉无效引用

组合键：Ctrl+O。有时候修改完代码之后，会发现头部引入了多余的类，影响代码的美观，遇到这种情况可以用 Ctrl+O 组合键去掉无效引用，如图 2-20 所示。

```java
import com.example.redisweb.util.RedisUtil;
import com.example.redisweb.util.StringRedisUtil;
import org.springframework.beans.factory.annotation.Autowired;
import org.springframework.data.redis.core.StringRedisTemplate;
import org.springframework.web.bind.annotation.RequestMapping;
import org.springframework.web.bind.annotation.RequestParam;
import org.springframework.web.bind.annotation.RestController;

import javax.annotation.Resource;
import java.util.Set;
import java.util.concurrent.TimeUnit;
```

图 2-20　去掉无效引用

2.2.3 打开最近使用的文件

组合键：Ctrl+E。若要打开最近使用的文件列表，可使用此组合键，这是使用最频繁的命令，能够方便大家快速地在各个文件之间进行切换，如图 2-21 所示。

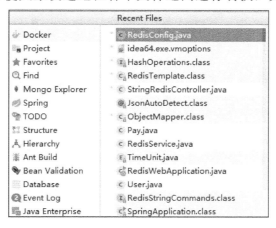

图 2-21 打开最近使用的文件列表

2.2.4 快速搜索文件

组合命令：连按两下 Shift 键。这个命令非常简单，只要连按两下 Shift 键就可以在编辑窗口顶部调出查找窗口，输入关键词就可以通过全局模糊查找的方式快速匹配对应的文件，如图 2-22 所示。

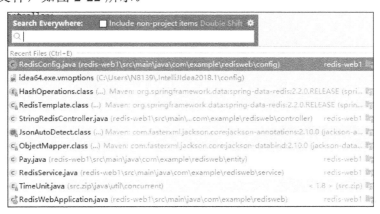

图 2-22 全局模糊查找

2.2.5 快速查找方法

组合键：Ctrl+Alt+Shift+N。用第 2.2.4 节中的 Shift 键可以实现快速查找方法，如图 2-23 所示。

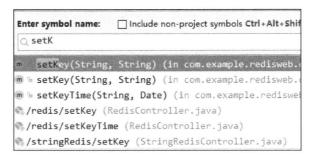

图 2-23 快速查找方法

2.2.6 快速搜索目录

组合键：Ctrl+Alt+Shift+N。用此组合键调出搜索窗口之后，输入"/+目录名称"即可快速搜索目录，如图 2-24 所示。

图 2-24 快速搜索目录

2.2.7 快速切换编辑框

组合键：Ctrl+Tab。用此组合键可以在编辑过程中快速切换编辑框，如图 2-25 所示。

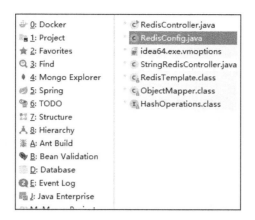

图 2-25　快速切换编辑框

2.2.8　查看层级关系

组合键：Ctrl+H。若想查看当前类的层级关系，可以通过 Ctrl+H 组合键来实现，如图 2-26 所示。

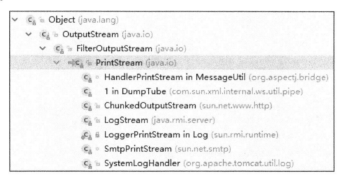

图 2-26　查看当前类的层级关系

组合键：Tab Alt+左右方向键。这是无鼠标操作实现编辑页面切换的必备技能。对于项目的目录（包），可按键盘的右箭头展开下一级，按左箭头返回上一级。

2.2.9　展开成员变量

组合键：Ctrl+F12。使用此组合键可以快速找到当前页面的函数，展示当前页面的所有成员变量如图 2-27 所示。

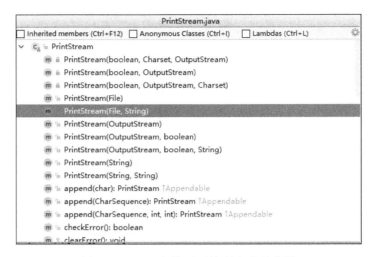

图 2-27　展开当前页面的所有成员变量

2.2.10　方法参数类型提示

组合键：Ctrl+P。使用此组合键可以直接查看方法的返回参数类型，而不用进入这个方法之中。将鼠标指针放在指定函数方法上，就会弹出函数定义的类型提示，如图 2-28 所示。

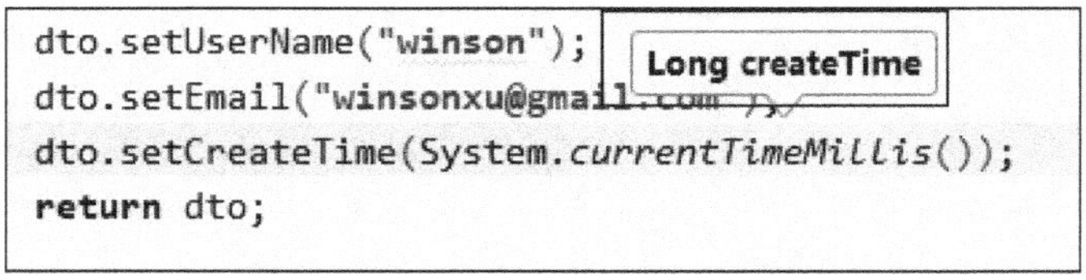

```
dto.setUserName("winson");
dto.setEmail("winsonxu@gmail.com");    Long createTime
dto.setCreateTime(System.currentTimeMillis());
return dto;
```

图 2-28　函数定义的类型提示

2.2.11　查看方法调用

组合键：Alt+F7。这个也是很常用的功能之一，有时候要修改或删除某个方法，但不知道这个方法是否被其他地方调用，就可以通过这个指令去查询。使用 Alt+F7 组合键查看函数被哪些地方调用，如图 2-29 所示。

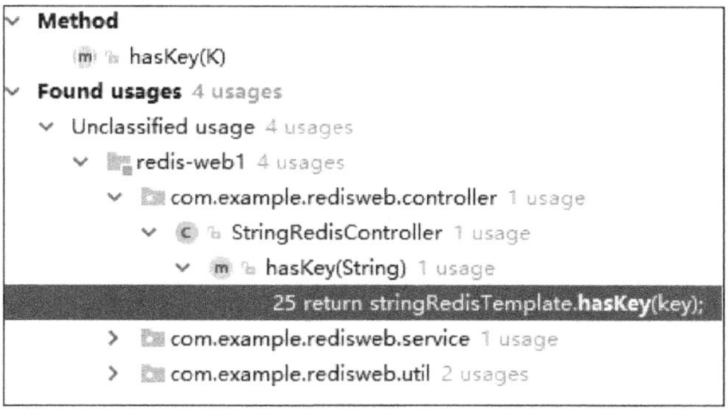

图 2-29　查看方法调用

2.2.12　同词编辑

组合键：Ctrl+W。有时候想修改某个变量名称，但如果这个页面用到此变量的数量比较多，一个个修改很浪费时间，这时就可以使用同词编辑了。将鼠标指针移动到这个变量上，使用 Ctrl+W 组合键选中这个变量，可完成同词选择，如图 2-30 所示。

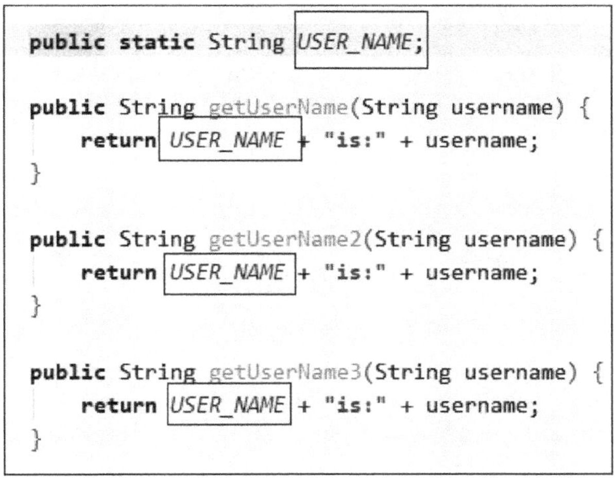

图 2-30　同词选择

这里要给所有的"USER_NAME"加一个"_NEW"的后缀，使用 Alt+J 组合键选择需要修改的相同单词，如图 2-31 所示。

```java
public static String USER_NAME;

public String getUserName(String username) {
    return USER_NAME + "is:" + username;
}

public String getUserName2(String username) {
    return USER_NAME + "is:" + username;
}

public String getUserName3(String username) {
    return USER_NAME + "is:" + username;
}
```

图 2-31 批量修改单词

然后将多行值改成自己需要的同值，如图 2-32 所示。

```java
public static String USER_NAME_NEW;

public String getUserName(String username) {
    return USER_NAME_NEW + "is:" + username;
}

public String getUserName2(String username) {
    return USER_NAME_NEW + "is:" + username;
}

public String getUserName3(String username) {
    return USER_NAME_NEW + "is:" + username;
}
```

图 2-32 多行值修改同值

按 Esc 键或用鼠标单击其他地方，即可退出多行编辑。

2.3 代码相关技巧

2.3.1 打开最近的项目

打开最近的项目是常用的功能之一，一般人们开发时常在几个文件之中来回切换，打开最近使用的项目，如图 2-33 所示。

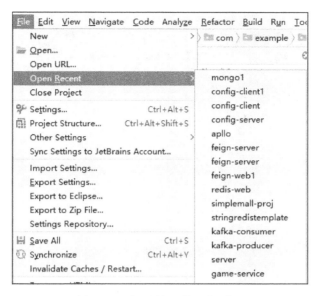

图 2-33　打开最近使用的项目

2.3.2　本地代码历史

有时候记不清楚某部分代码是什么时间修改的，就需要查看一下代码记录。选中项目文件并右击，在弹出的快捷菜单中选择 Local History 选项，即可查看本地代码记录，如图 2-34 所示。

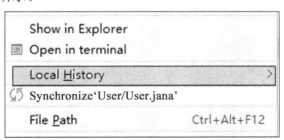

图 2-34　查看本地代码记录

同时可以看到文件修改的时间节点，旧代码修改记录列表如图 2-35 所示。

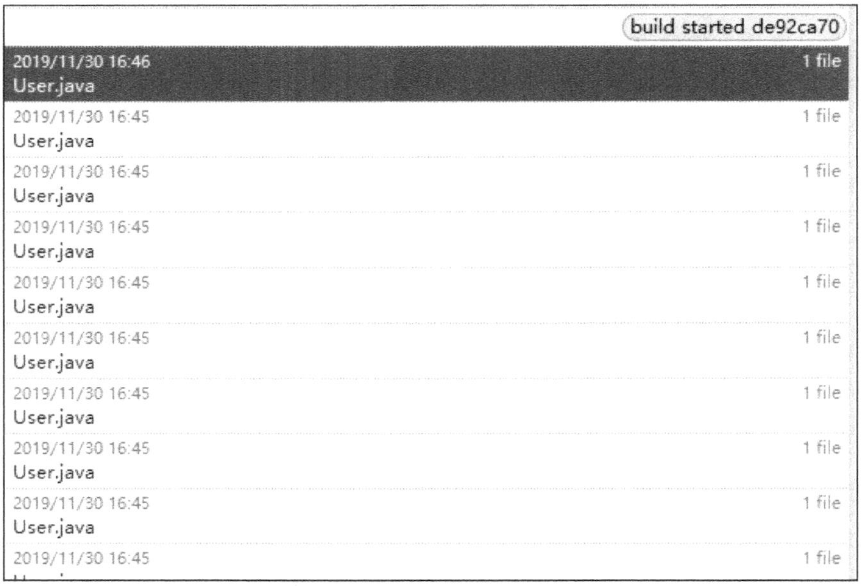

图 2-35　旧代码修改记录列表

代码版本修改历史对比如图 2-36 所示，左边是上一个提交版本，右边是当前版本，颜色加深的部分是发生代码变更的地方。

可以比较两个版本同一行或几行代码的差异。

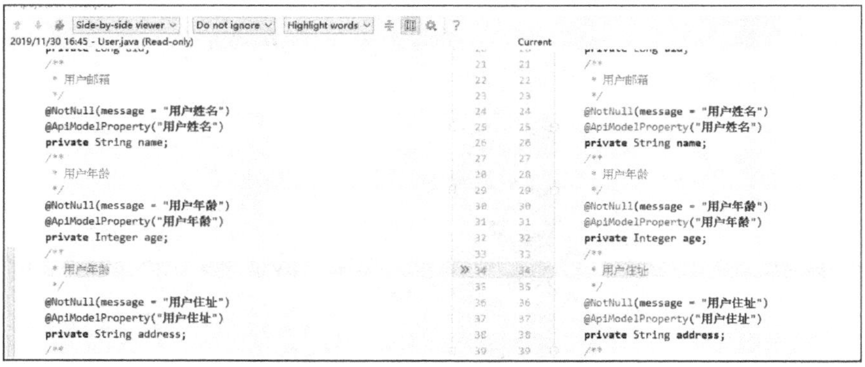

图 2-36　新旧版本代码对比

2.3.3　展示类成员变量

可以将类中的方法和声明引用的类展示出来，在项目顶部导航栏中单击"设置"按钮（类似齿轮那个），在弹出的下拉列表中选择 Show Members 选项，如图 2-37 所示。

这样就可以看到如图 2-38 所示的函数和声明的类，然后双击对应的函数名称就能跳转到代码对应类的那一行。

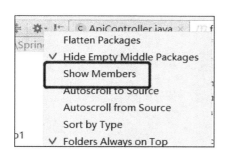

图 2-37 类成员展示

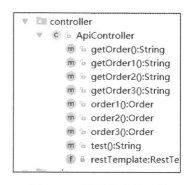

图 2-38 展示类中的函数

2.3.4 内存展示

JVM 内存调优。打开 File→Settings→Appearance & Behavior→Appearance 页面，在页面下半部分可以看到一些 Windows 设置，在 Window Options 选项区域中选中 Show memory indicator 复选框，确认即可开启内存展示，如图 2-39 所示。

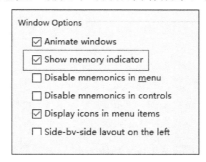

图 2-39 开启内存展示

如图 2-40 所示，在页面右下角即可看到对应的内存使用情况。

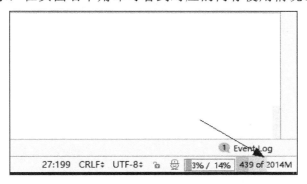

图 2-40 内存使用情况

打开指定区域，即可自定义编辑 JVM 参数，JVM 相关配置参数如图 2-41 所示。

```
-Xms1024m
-Xmx2048m
-XX:ReservedCodeCacheSize=240m
-XX:+UseCompressedOops
-Dfile.encoding=UTF-8
-XX:+UseConcMarkSweepGC
-XX:SoftRefLRUPolicyMSPerMB=50
-ea
-Dsun.io.useCanonCaches=false
-Djava.net.preferIPv4Stack=true
-XX:+HeapDumpOnOutOfMemoryError
-XX:-OmitStackTraceInFastThrow
-XX:MaxJavaStackTraceDepth=-1
-Xverify:none

-XX:ErrorFile=$USER_HOME/java_error_in_idea_%p.log
-XX:HeapDumpPath=$USER_HOME/java_error_in_idea.hprof


-XX:+DisableAttachMechanism
```

图 2-41　JVM 相关配置参数

重点参数解释如下。

（1）-Xms1024m：设置程序启动时占用内存大小为 1024MB。

（2）-Xmx2048m：设定程序运行期间最大可占用的内存为 2048MB，如果程序在运行过程中超过了这个值，会抛出 OutOfMemory 异常。

（3）-XX:ReservedCodeCacheSize=240m：代码缓存为 240MB。

（4）-XX:+UseCompressedOops：选用 32 位的 OOP，通过压缩 OOP 可以节省内存。

（5）-Dfile.encoding=UTF-8：设定系统文件编码格式。

（6）-XX:+UseConcMarkSweepGC：CMS，基于标记清除算法实现的多线程老年代垃圾回收器。

这样就可以看到最大堆内存增加了。

2.3.5　查看项目结构

查看项目结构、函数列表和变量列表，如图 2-42 所示。

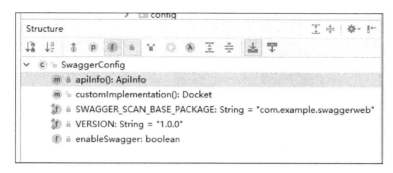

图 2-42 查看项目结构、函数列表和变量列表

这里，最外层 ⓒ 图标表示类，里面的 C 表示 Class， ⓜ 图标表示类中方法，ⓕ 图标表示变量。

2.3.6 多线程断点调试

在开发中经常会用到多线程，因此掌握多线程的调试方法也能帮助开发者快速地定位到异常信息，设置断点的方法如图 2-43 所示。

图 2-43 设置断点

通过 Debugger 面板可以查看调用栈，如图 2-44 所示。

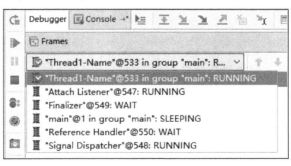

图 2-44 查看调用栈

设置断点触发条件，如图 2-45 所示。

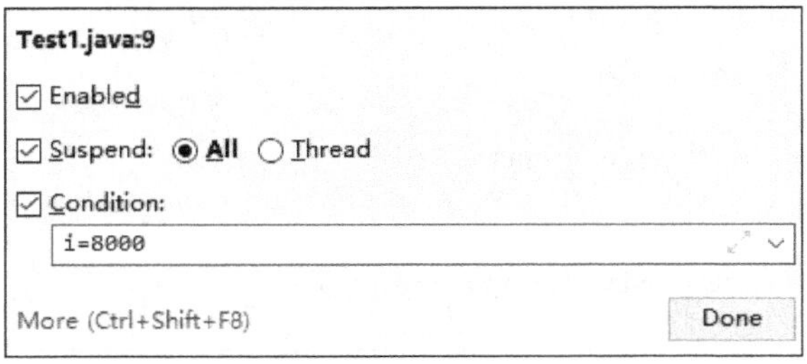

Test1.java:9

☑ Enabled

☑ Suspend: ⦿ **All** ◯ Thread

☑ Condition:

i=8000

More (Ctrl+Shift+F8)   Done

图 2-45   断点触发条件

当循环到指定条件节点时，就会触发断点，如图 2-46 所示。

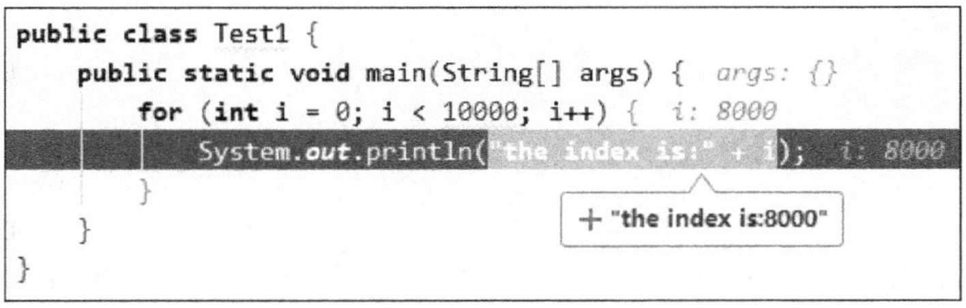

```java
public class Test1 {
    public static void main(String[] args) {  args: {}
        for (int i = 0; i < 10000; i++) {  i: 8000
            System.out.println("the index is:" + i);  i: 8000
        }
    }
}
```
                    + "the index is:8000"

图 2-46   触发断点

这里用光标选中断点的变量，单击加号，就可以查看断点的详情了。

2.3.7　同步显示类

有时候文件过多，想快速定位文件在项目中所在的位置，可以通过同步显示类
实现，如图 2-47 所示。

图 2-47   同步显示类

如果变量是字符串类型，直接在变量后加 ".null" 或 ".notnull"，然后生成判断。

2.4 IDEA 代码模板配置

2.4.1 代码模板定制

代码模板定制的设置路径为 Settings→Editor→Live Templates，如图 2-48 所示。

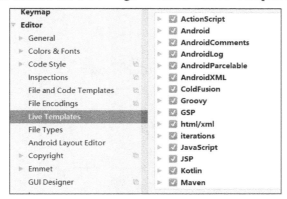

图 2-48 代码模板定制

在图 2-18 中，可以看到多种语言的模板。

2.4.2 注释生成

配置路径为 File→Settings→Editor→File and Code Templates，如图 2-49 所示。

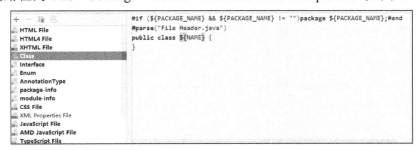

图 2-49 类注解 1

这里的几个参数，如${PACKAGE_NAME}表示包名，${NAME}表示类名，都是大写的格式，如图 2-50 所示。

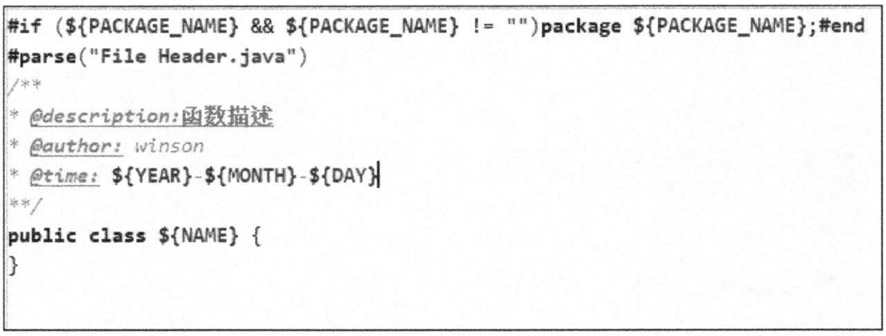

```
#if (${PACKAGE_NAME} && ${PACKAGE_NAME} != "")package ${PACKAGE_NAME};#end
#parse("File Header.java")
/**
* @description:函数描述
* @author: winson
* @time: ${YEAR}-${MONTH}-${DAY}
**/
public class ${NAME} {
}
```

图 2-50　类注解 2

生成模板注释代码，如图 2-51 所示。

```
/**
* @description:函数描述
* @author: winson
* @time: 2019-12-10
**/
public class TestController {
}
```

图 2-51　模板注释代码

2.4.3　生成 Java 类模板

这里实现一个控制器类模板。

增加引入和注解，这里把类名 Controller 之前的字符串作为 RequestMapping 的参数，代码如下。

```
#set($name = ${NAME})
#if ($name.endsWith("Controller"))
import lombok.extern.slf4j.Slf4j;
import org.springframework.web.bind.annotation.RequestMapping;
import org.springframework.web.bind.annotation.RequestParam;
import org.springframework.web.bind.annotation.RestController;
@RestController
@RequestMapping("$name.substring(0,$name.indexOf("Controller"))")
@Slf4j
#end
```

增加方法的代码如下。

```
/**
 *   方法描述
 * */
@RequestMapping(value = "/test")
public String test(@RequestParam String param) {
    log.info("param:", param);
    return param;
}
```

完整配置代码如下。

```
#if (${PACKAGE_NAME} && ${PACKAGE_NAME} != "")package ${PACKAGE_NAME};#end
#parse("File Header.java")

#set($name = ${NAME})
#if ($name.endsWith("Controller"))
import lombok.extern.slf4j.Slf4j;
import org.springframework.web.bind.annotation.RequestMapping;
import org.springframework.web.bind.annotation.RequestParam;
import org.springframework.web.bind.annotation.RestController;
@RestController
@RequestMapping("$name.substring(0,$name.indexOf("Controller"))")
@Slf4j
#end
public class ${NAME} {
 #if (${NAME} && $name.endsWith("Controller"))
 /**
     *   方法描述
     * */
    @RequestMapping(value = "/api")
    public String adminLogin(@RequestParam String param) {
        log.info("param:", param);
        return param;
    }
 #end
}
```

最终模板代码生成结果如图 2-52 所示。

```java
/**
 * @description:函数描述
 * @author: winson
 * @time: ${Date}
 */
package com.example.zkweb.controller;

import lombok.extern.slf4j.Slf4j;
import org.springframework.web.bind.annotation.RequestMapping;
import org.springframework.web.bind.annotation.RequestParam;
import org.springframework.web.bind.annotation.RestController;


@RestController
@RequestMapping("Test")
@Slf4j
public class TestController {
    /**
     *  方法描述
     * */
    @RequestMapping(value = "/test")
    public String test(@RequestParam String param) {
        log.info("param:", param);
        return param;
    }
}
```

图 2-52　模板代码生成

有些语法规则模板不一定支持，只能根据现有规则制定最符合需求的模板，最大限度地节省代码。

根据类似的方法，还可以定义接口类、接口实现类等模板化代码。

当模板代码比较多时，可以将其拆分，每个模板存一个单独的文件，放在 Includes 目录下，如常用的 Dao 类或 logback 模板，这样每次新建文件修改一些自定义参数即可，可以提高编码的速度。代码模板引入如图 2-53 所示。

图 2-53　代码模板引入

2.5　IDEA 插件介绍

2.5.1　阿里巴巴规范插件

阿里巴巴规范插件可以帮助开发者纠正代码中常见的问题，如图 2-54 所示。

图 2-54　阿里巴巴规范插件

2.5.2　stackoverflow 搜索插件

stackoverflow 是一个程序员技术问答网站，一般在开发中遇到的问题都能在上面找到答案。IDEA 也集成了一个 stackoverflow 搜索插件，如图 2-55 所示。

图 2-55　stackoverflow 搜索插件

在编辑页面看到不懂的类或报错信息，可以直接右击，在弹出的快捷菜单中选择第一个选项，即 search stackoverflow，如图 2-56 所示。

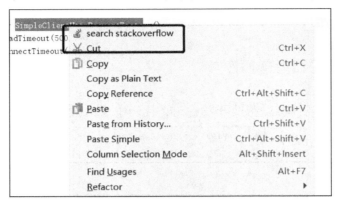

图 2-56　在快捷菜单中选择第一个选项

操作完成后就可以直接搜索相关内容了，省去了复制，粘贴的麻烦。

2.5.3　Maven Helper

使用 Maven Helper 可以查看引入依赖的层级关系，如图 2-57 所示。

图 2-57　Maven Helper

在 pom.xml 文件页面左下角选择 Dependency Analyzer 选项，就可以看到全部的树状依赖关系了，如图 2-58 所示。

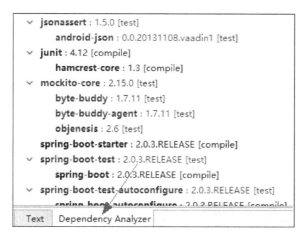

图 2-58 树状依赖关系

2.5.4 POJO to JSON 插件

有时候需要将 POJO 的实体类转换为 JSON 格式的字符串，这时就可以用到 POJO to JSON 插件了，如图 2-59 所示。

图 2-59 POJO to JSON 插件

重启之后，在对应的 JSON 对象上右击，可以看到多了一个 MakeJson 选项，单击即可完成实体类转 JSON，如图 2-60 所示。

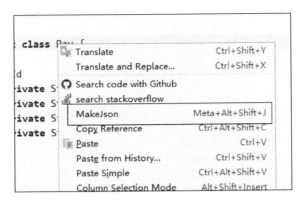

图 2-60　实体类转 JSON

然后，粘贴板复制粘贴 JSON，输出的 JSON 数据格式如图 2-61 所示。

{ " id " : " str " , " payId " : " str " , " payName " : " str " , " decription " : " str " }

图 2-61　输出的 JSON 数据格式

2.5.5　GsonFormat 插件

第 2.5.4 节是 POJO 实体类转换为 JSON 文本，那如何将 JSON 转换为 POJO 实体类呢？IDEA 提供了一个名为 GsonFormat 的插件，如图 2-62 所示。

图 2-62　GsonFormat 插件

按 Alt+S 组合键调出 GsonFormat 窗口，然后把 JSON 字符串粘贴到编辑窗口中，单击 OK 按钮，会弹出 Virgo Model 窗口，如图 2-63 所示。

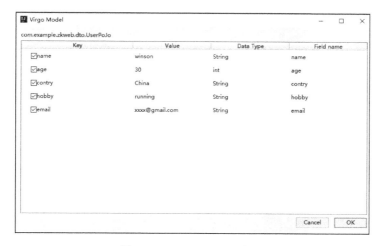

图 2-63   Virgo Model 窗口

这里可以看到每个字段对应的值和类型都设定好了，单击 OK 按钮，就可以生成对应的 POJO 实体类了。这里可以看到生成了很多 get 和 set 方法，因为一般把 Lombok 组件作为实体类的标配，实体类上已经加了@Data 注解，所以需要设置一下，让其不用生成 get 和 set 方法，具体如图 2-64 所示。

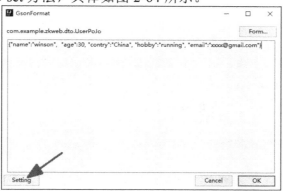

图 2-64   GsonFormat 设置

单击左下角的 Setting 按钮，弹出一个设置选项框，在底部 Convert Library 引导中选中 Lombok 单选按钮，就可以看到其他的数据格式转换方法，如图 2-65 所示。

图 2-65   设置选项框

单击 OK 按钮，就可以看到实体类生成的代码中没有 get 和 set 方法了。

2.5.6　Grep Console 日志查询工具

Grep Console 日志查询工具如图 2-66 所示。

图 2-66　Grep Console 日志查询工具

写一个单元测试方法，代码如下。

```
@Test
    public void testLoger() {
        log.debug("==debug log===");
        log.info("===info log===");
        log.warn("===warn log===");
        log.error("===error log===");
    }
```

把输入的日志分成不同颜色，便于检索日志，如图 2-67 所示。

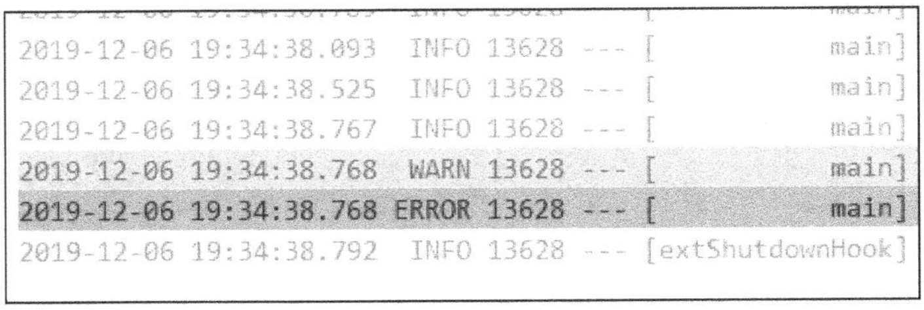

```
2019-12-06 19:34:38.093  INFO 13628 --- [            main]
2019-12-06 19:34:38.525  INFO 13628 --- [            main]
2019-12-06 19:34:38.767  INFO 13628 --- [            main]
2019-12-06 19:34:38.768  WARN 13628 --- [            main]
2019-12-06 19:34:38.768 ERROR 13628 --- [            main]
2019-12-06 19:34:38.792  INFO 13628 --- [extShutdownHook]
```

图 2-67　日志等级高亮显示

还可以自定义设置不同等级日志的展示背景，如图 2-68 所示。

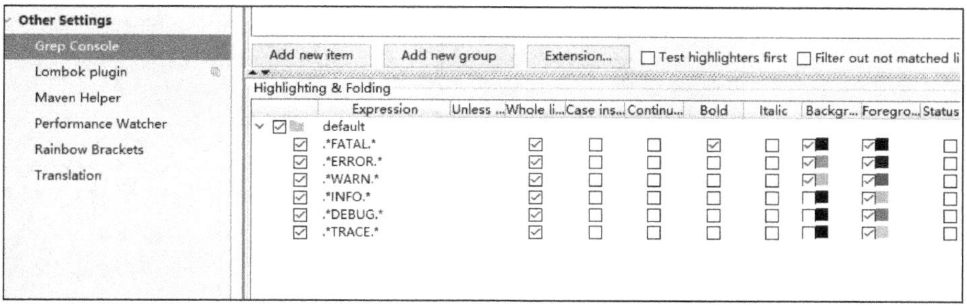

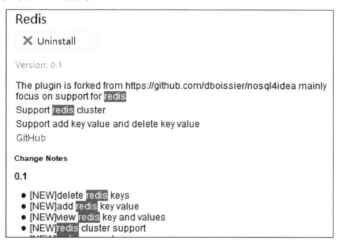

图 2-68　不同等级日志的展示背景

2.5.7　Redis 可视化工具

Redis 也是开发中常用的一个技术栈，将会在第 13 章详细讲解，这里仅介绍一款 Redis 组件，如图 2-69 所示。

图 2-69　Redis 组件

安装好组件之后，重启打开配置页面，将 Redis 地址等配置信息填好就可以使用了，如图 2-70 所示。

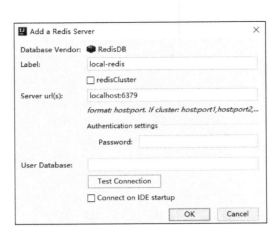

图 2-70　Redis 组件配置

2.5.8　代码高亮工具

有时候代码中包含很多判断条件或循环语句，各种括号（大括号和小括号）往往令人眼花缭乱，分不清是哪个模块，因此需要设置代码中分隔号的高亮显示。这个可以通过 IDEA 插件 Rainbow Brackets 代码高亮工具来实现，如图 2-71 所示。

图 2-71　代码高亮工具 Rainbow Brackets

通过一段 if 代码来展示效果，如图 2-72 所示。

图 2-72　条件括号高亮

2.5.9 翻译插件

在 Plugins 中搜索 Translation，即可找到翻译插件，如图 2-73 所示。

图 2-73 翻译插件 Translation

选中所要翻译的区域并右击，在弹出的快捷菜单中选择 Translate 选项，或者用 Ctrl+Shift+Y 组合键调出英文翻译窗口，如图 2-74 所示。

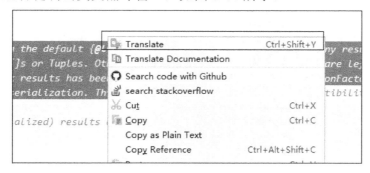

图 2-74 在弹出的快捷键菜单中选择 Translate 选项

然后翻译区域中就会出现中英文对照显示，对英语不熟悉的开发者也可以轻松读懂，翻译区域如图 2-75 所示。

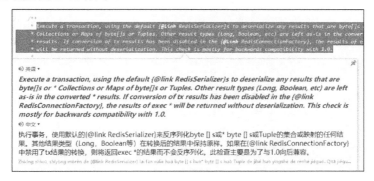

图 2-75 翻译区域

2.5.10　字符串标记 JSON

可以先声明一个字符串变量，按 Alt+Enter 组合键调出选项框，选择 Inject language or reference 选项，如图 2-76 所示。

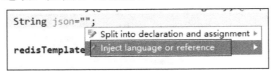

图 2-76　字符串标记（1）

此时会调出一个选择类型的窗口，如图 2-77 所示。

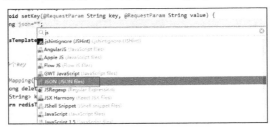

图 2-77　字符串标记（2）

按 Enter 键，就可把对应的字段标记为 JSON 格式了，如图 2-78 所示。

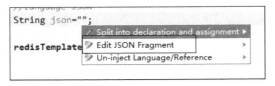

图 2-78　字符串标记（3）

然后打开 JSON Fragment 窗口，如图 2-79 所示。

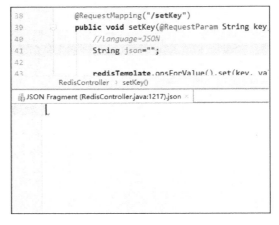

图 2-79　JSON Fragment 窗口

同步生成 JSON 字符串，如图 2-80 所示。

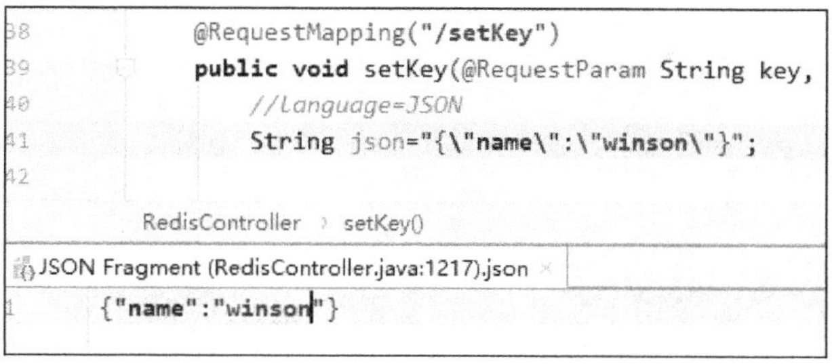

```
38          @RequestMapping("/setKey")
39          public void setKey(@RequestParam String key,
40              //language=JSON
41              String json="{\"name\":\"winson\"}";
42
        RedisController  ›  setKey()
```
JSON Fragment (RedisController.java:1217).json ×
```
1      {"name":"winson"}
```

图 2-80　同步生成 JSON 字符串

去掉注解就可以去掉 JSON 格式约束，如图 2-81 所示。

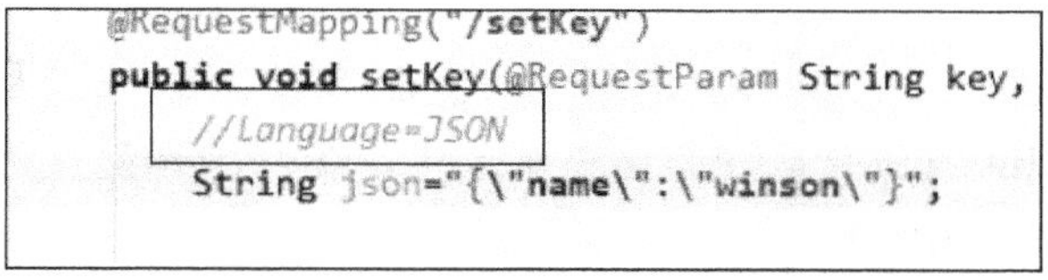

```
@RequestMapping("/setKey")
public void setKey(@RequestParam String key,
    //Language=JSON
    String json="{\"name\":\"winson\"}";
```

图 2-81　去掉 JSON 格式约束

2.6　本章小结

本章主要讲了 IDEA 的基本配置、快捷键组合、代码相关技巧、代码模板配置及一些常用插件。掌握 IDEA 的使用方法，不仅能让开发者在编程时更加得心应手，还可以大幅提高编程效率。

## 第 3 章

注册中心

Eureka 是 Spring Cloud 的核心组件，一般分为服务端和客户端两个结构，Eureka 服务端一般作为注册中心，为客户端提供一个服务发现的注册地址。

Consul 是 HashiCorp 公司开源出来基于 Go 编写的产品，其主要作用是实现分布式应用的服务发现和配置。

通过对本章内容的学习，读者将对 Eureka 和 Consul 有更深入的理解，并对两者的区别有进一步的分辨。

3.1 Eureka 客户端

3.1.1 Eureka 客户端依赖

首先，添加项目 Maven 版本依赖，集成依赖 spring-boot-starter-parent 同样选择添加当前最新版本 2.1.8.RELEASE。

```
<parent>
    <groupId>org.springframework.boot</groupId>
    <artifactId>spring-boot-starter-parent</artifactId>
    <version>2.1.8.RELEASE</version>
    <relativePath/>
</parent>
```

其次，添加客户端核心依赖 spring-cloud-starter-netflix-eureka-client。

```
<dependency>
    <groupId>org.springframework.cloud</groupId>
    <artifactId>spring-cloud-starter-netflix-eureka-client</artifactId>
</dependency>
```

最后，添加 Web 启动依赖 spring-boot-starter-web，此依赖不可或缺，否则项目无法正常启动。

```
<dependency>
    <groupId>org.springframework.boot</groupId>
    <artifactId>spring-boot-starter-web</artifactId>
</dependency>
```

3.1.2 Eureka 客户端文件配置

这里在客户端配置文件 application.yml，新增以下配置。

（1）设置端口号为 8080。

```
server:
  port: 8080
```

（2）设置应用名称为 eureka-client。

```
spring:
  application:
    name: eureka-client
```

（3）配置 Eureka 注册中心地址。

```
eureka:
  client:
    service-url:
      defaultZone: http://localhost:8000/eureka/
```

在 Eureka 部署多节点时，即便有一个或多个节点出现服务不可用，其余节点依然可以正常提供注册服务。如果 Eureka 客户端在向某个 Eureka 注册时连接失败，会自动切换注册节点，只要有一台 Eureka 还保持连接，就能保证注册服务可用。

启动 Eureka 客户端，配置完成之后启动项目，浏览器访问 http://localhost:8080/。客户端在注册中心的地址如图 3-1 所示。

total-avail-memory	605mb
environment	test
num-of-cpus	4
current-memory-usage	78mb (12%)
server-uptime	01:17
registered-replicas	http://node1:7001/eureka/, http://node3:7003/eureka/
unavailable-replicas	
available-replicas	http://node1:7001/eureka/,http://node3:7003/eureka/,

图 3-1 客户端在注册中心的地址

在服务注册中心最后一行可以看到，服务地址都在 available-replicas 可用分片中。

3.2 Eureka 服务端

本节主要讲解 Eureka 服务端作为注册中心模块的一些依赖和配置。此模块一般作为公共组件存在，配置虽然不复杂，但起着很重要的作用，可以为成百上千的客户端提供服务注册和发现功能。

3.2.1 Eureka 服务端组件依赖

Eureka 服务端首先是作为一个 Web 应用存在的，因此需要添加 Web 依赖 spring-boot-starter-web，配置如下。

```
<dependency>
  <groupId>org.springframework.boot</groupId>
  <artifactId>spring-boot-starter-web</artifactId>
</dependency>
```

spring-boot-starter-web 内嵌了 tomcat 服务，所以如果在 pom 中引入了 servlet 相关的依赖，如 Javax.servlet-api，就要去掉它，否则项目启动会抛出冲突的异常，然后添加 Eureka 服务端依赖 spring-cloud-starter-netflix-eureka-server，代码如下。

```
<dependency>
  <groupId>org.springframework.cloud</groupId>
  <artifactId>spring-cloud-starter-netflix-eureka-server</artifactId>
</dependency>
```

有些旧的项目使用的是 spring-cloud-starter-eureka-server 依赖，但它已经被官方废弃了，现在都采用 spring-cloud-starter-netflix-eureka-server 依赖。然后，添加 lombok 组件，简化代码（<optional>true</optional>表示两个项目之间依赖不传递）。

```
<dependency>
  <groupId>org.projectlombok</groupId>
  <artifactId>lombok</artifactId>
  <optional>true</optional>
</dependency>
```

lombok 组件实现的原理是，通过解析 Java 源码，生成 AST（抽象语法树），在运行过程中获取注解类的 AST 并进行修改，如增加 getter 和 setter 注解，然后将修改后的 AST 生成字节码。

比较常用的 lombok 注解有以下几种。

- @Data：修饰实体类。

- @NonNull：参数非空声明。
- @EqualsAndHashCode：生成 equals()方法和 hashCode 方法。
- @NoArgsConstructor：自动生成无参构造函数。
- @AllArgsConstructor：自动生成全参构造函数。

然后配置 spring-cloud-dependencies 依赖管理器，它的作用是管理项目中的所有依赖，并将各种依赖包进行版本统一，以避免出现不同依赖相互冲突的情况。这时其他依赖不用加入版本号，如果有明确的版本要求也可以单独加入具体的版本号。

```
<dependencyManagement>
  <dependencies>
    <dependency>
      <groupId>org.springframework.cloud</groupId>
      <artifactId>spring-cloud-dependencies</artifactId>
      <version>${spring-cloud.version}</version>
      <type>pom</type>
    </dependency>
  </dependencies>
</dependencyManagement>
```

spring-cloud-dependencies 版本管理需要放到 dependencyManagement 标签中才会生效，以上就是所有的依赖配置。

3.2.2　Eureka 服务端文件配置

将原始配置文件 application.properties 名称改为 bootstrap.yml。因为 bootstrap.yml 在应用程序启动时的执行顺序是高于 application.yml 和 application.properties 的，因此将配置文件改名为 bootstrap.yml 可以使配置信息，尤其是需要先于程序代码执行的公共模块配置信息被最先读取，否则程序代码中会提示找不到配置参数。因此，在接下来的项目中，笔者都会把 Spring Cloud 项目的配置文件名称改为 bootstrap.yml。

bootstrap.yml 配置文件需要添加以下常用配置项。

（1）添加应用端口号。这里将 8000 作为 Eureka 注册中心的固定端口号，接下来所有用到 Eureka 注册中心的项目都会配置这个端口号地址，读者也可以选择一个和现有端口不冲突的地址作为固定端口，避免重复创建和配置端口号的烦琐操作。

```
server:
  port: 8000
```

（2）添加应用名称。这里应用名称为 eureka-server。

```
spring:
  application:
    name: eureka-server
```

（3）设置禁止客户端注册。这个配置默认是打开的，由于注册中心主要用来查看 Eureka 客户端的信息，因此服务端可以直接禁止客户端注册。

```
eureka:
  client:
    register-with-eureka: false
    fetch-registry: false
```

3.2.3　Eureka 服务端启动类

这里在主启动类增加@EnableEurekaServer 注解，这个注解用于激活相关配置，让应用作为 Eureka 注册中心来启动。

```
@SpringBootApplication
@EnableEurekaServer
public class EurekaServerApplication {
    public static void main(String[] args) {
        SpringApplication.run(SpringCloudEurekaApplication.class,  args);
    }
}
```

可以看到有一个默认生成的注解@SpringBootApplication，这个注解非常重要，它整合了以下 3 个注解的功能特点。

（1）@Configuration：这是一个类级注解，用来定义配置类，被定义的配置类可以替代 xml 配置文件。@Configuration 注解类中至少包含一个@Bean 注解的方法。

（2）@EnableAutoConfiguration：属于基础功能的类级注解，能自动将 Spring Boot 引入的依赖进行配置，并设置默认的执行环节。

（3）@ComponentScan：类级注解，这个注解会默认扫描该类所在的包下所有的配置类，相当于 Spring MVC 配置中的 <context:component-scan>。

3.2.4　注册中心启动

完成上述相关配置之后，启动项目，看到相关端口号启动信息就表示 Eureka 注册中心启动成功了，如图 3-2 所示。

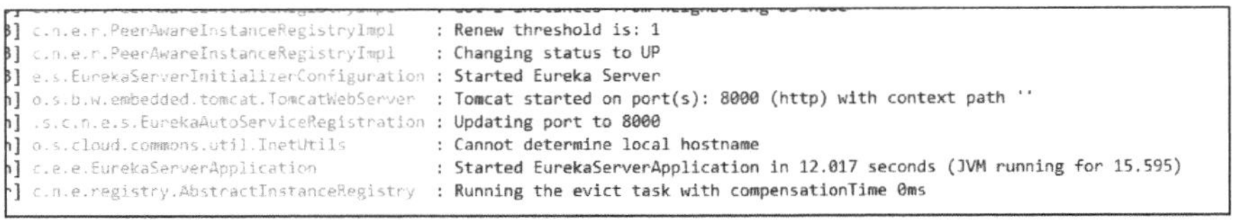

图 3-2　Eureka 注册中心启动成功

打开谷歌浏览器，在地址栏中输入"localhost:8000"，若看到启动主页，则表示Eureka 启动成功，如图 3-3 所示。

图 3-3　Eureka 启动成功页

3.3　Eureka 常用配置

3.3.1　Eureka 权限认证

首先在 pom 文件中加入 Spring Security 的 Maven 依赖 spring-boot-starter-security。

```
<dependency>
    <groupId>org.springframework.boot</groupId>
    <artifactId>spring-boot-starter-security</artifactId>
</dependency>
```

然后在 application.yml 配置文件中添加认证所需要的账号和密码。

```
security:
  basic:
    enabled: true
```

配置完成之后，重启注册中心，输入访问地址，此时页面会提示需要输入用户账号和密码。

3.3.2　Eureka 健康检查

Spring Boot Actuator 提供/actuator/health 端点，可以展示客户端的健康信息。在配置文件中添加以下代码开启健康检查，首先增加健康检查依赖 spring-boot-starter-actuator。

```
<dependency>
    <groupId>org.springframework.boot</groupId>
    <artifactId>spring-boot-starter-actuator</artifactId>
</dependency>
```

然后开启健康检查，设置 eureka.client.healthcheck.enabled 为 true。

```
eureka:
  client:
    healthcheck:
      enabled: true
```

3.4 Consul 注册中心

3.4.1 Consul 安装和启动

这里简单介绍一下 Consul 的几个特点。

（1）Consul 包含 Client 和 Server 两个结构。

（2）Consul 客户端负责转发数据到 Consul 服务端，服务端节点负责存储数据。

（3）Consul 服务端节点包含一个 Leader 节点和多个 Follower 节点。

（4）Leader 节点有数据时会同步到 Follower 节点，如果 Leader 节点无法正常使用，就会通过选举机制产生一个新的 Leader 节点。

（5）Client 通过 RPC 协议将请求转发到 Consul 服务端的 Leader 节点。

启动第 1 个 Server 节点，集群一般部署 3～5 个 Server，将容器 8500 端口映射到主机 8900 端口，同时开启管理界面，代码如下。

```
docker run -d --name=consul -p 8900:8500 -e CONSUL_BIND_INTERFACE=eth0 consul
agent --server=true --bootstrap-expect=3 --client=0.0.0.0 -ui
```

Consul 节点通过 Gossip 通信协议来维护不同节点之间的关系，单个节点可以通过此协议获取集群内其他节点的具体信息。

启动第 n 个 Server 节点，并加入 consul 集群，指令如下。

```
docker run -d --name=consul -n -e CONSUL_BIND_INTERFACE=eth0 consul agent --
server=true --client=0.0.0.0 --join   ip
```

Consul 提供了多个版本的安装包，如图 3-4 所示。

官方除了提供了 5 个版本的安装包，还提供了 Consul 的一些工具，Consul 工具下载界面如图 3-5 所示。

由于 Consul 下载地址在国外，因此国内在下载时经常出现速度很慢的情况。

在 PowerShell 窗口中输入 consul 启动指令。

```
consul agent -dev
```

指定了参数-dev 就表示当前为开发模式，打开展示主页地址，Consul 服务列表如图 3-6 所示。

图 3-4 Consul 多个版本的安装包

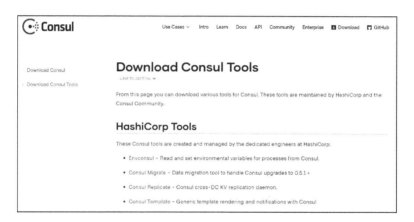

图 3-5 Consul 工具下载界面

图 3-6 Consul 服务列表

3.4.2 Consul 服务端依赖

创建一个应用，命名为 consul-server，然后添加依赖。

（1）添加健康检查依赖 spring-boot-starter-actuator。

```
<dependency>
    <groupId>org.springframework.boot</groupId>
    <artifactId>spring-boot-starter-actuator</artifactId>
</dependency>
```

（2）添加 Web 依赖 spring-boot-starter-web。

```
<dependency>
    <groupId>org.springframework.boot</groupId>
    <artifactId>spring-boot-starter-web</artifactId>
</dependency>
```

（3）添加 Consul 服务发现依赖 spring-cloud-starter-consul-discovery。

```
<dependency>
    <groupId>org.springframework.cloud</groupId>
    <artifactId>spring-cloud-starter-consul-discovery</artifactId>
</dependency>
```

3.4.3 Consul 服务端文件配置

以下是 Consul 服务端文件配置的流程。

（1）添加应用端口号 8501，应用名称设置为 consul-server。

```
server:
  port: 8501
spring:
  application:
    name: consul-server
```

（2）Consul 注册地址配置。

```
spring:
  cloud:
    consul:
      host: localhost
      port: 8500
      discovery:
        service-name: consul-server
```

Consul 服务端完整配置代码如下。

```
spring:
  application:
```

```
        name: consul-server
    cloud:
        consul:
            host: localhost
            port: 8500
            discovery:
                service-name: consul-server
server:
    port: 8501
```

3.4.4 Consul 服务端启动类

启动类增加@EnableDiscoveryClient 注解，表示作为服务的客户端。

```
@SpringBootApplication
@EnableDiscoveryClient
public class ConsulServerApplication {
    public static void main(String[] args) {
        SpringApplication.run(ConsulServerApplication.class, args);
    }
}
```

再创建一个应用，命名为 consul-server2，基本与 consul-server 一致，修改应用端口值为 8501。

```
server:
    port: 8501
```

添加控制器返回值，代码如下。

```
@RestController
@RequestMapping("user")
public class UserController {
    @RequestMapping("/getUserInfo")
    public String getUserInfo(@RequestParam String nick) {
        return "consul-server1 用户昵称为：" + nick;
    }
}
```

在浏览器中输入"http://localhost:8500"，就可以看到效果了。

3.4.5 Consul 客户端文件配置

Consul 客户端的 Maven 依赖和 Consul 服务端的依赖基本一致，但配置文件有所不同。

（1）新增应用名称配置 consul-client。

```
spring:
  application:
    name: consul-client
```

（2）新增应用端口号 8503。

```
server:
  port: 8503
```

（3）新增 Consul 注册中心地址配置。

```
spring:
  cloud:
    consul:
      host: localhost
      port: 8500
      discovery:
        service-name: consul-server
```

Consul 完整文件配置如下。

```
spring:
  application:
    name: consul-client
  cloud:
    consul:
      host: localhost
      port: 8500
      discovery:
        service-name: consul-server
server:
  port: 8503
```

其他配置根据需求添加。

3.4.6　Consul 客户端业务逻辑

新增一个控制器类，命名为 CommonController。

（1）类增加@RestController，增加相关类引入。

```
@Resource
private LoadBalancerClient loadBalancer;
@Resource
private DiscoveryClient discoveryClient;
```

（2）增加获取所有服务方法。

```
@RequestMapping("/services")
public Object services() {
    return discoveryClient.getInstances("consul-server");
}
```

（3）增加应用服务轮询逻辑。

```
@RequestMapping("/discover")
public Object discover() {
    return loadBalancer.choose("consul-server").getUri().toString();
}
```

完整代码如下。

```
@RestController
public class CommonController {
    @Resource
    private LoadBalancerClient loadBalancer;
    @Resource
    private DiscoveryClient discoveryClient;
    /**
     * 获取所有服务
     */
    @RequestMapping("/services")
    public Object services() {
        return discoveryClient.getInstances("consul-server");
    }
    /**
     * 从所有服务中选择一个服务（轮询）
     */
    @RequestMapping("/discover")
    public Object discover() {
        return loadBalancer.choose("consul-server").getUri().toString();
    }
}
```

获取所有客户端服务列表，如图 3-7 所示。

```
[
    {
        "instanceId": "consul-client-8503",
        "serviceId": "consul-server",
        "host": "localhost",
        "port": 8503,
        "secure": false,
        "metadata": {
            "secure": "false"
        },
        "uri": "http://localhost:8503",
        "scheme": null
    },
    {
        "instanceId": "consul-server-8501",
        "serviceId": "consul-server",
        "host": "localhost",
        "port": 8501,
        "secure": false,
        "metadata": {
            "secure": "false"
        },
        "uri": "http://localhost:8501",
        "scheme": null
    }
]
```

图 3-7 所有客户端服务列表

3.5 本章小结

本章主要讲解了 Eureka 和 Consul 作为注册中心的服务发现功能，构建了基本的实现案例，并对实际开发中可能遇到的一些问题进行了分析。

## 第 4 章

Feign 客户端

Feign 属于声明式服务调用，它便于微服务之间的调用，类似 Controller 调用 Service。Spring Cloud 集成了 Eureka 和 Ribbon，可在使用 Feign 时提供负载均衡的 HTTP 客户端。

4.1 Feign 实例

Feign 作为一款声明式的 REST 客户端，能让 REST 调用更加简便，因为它提供了 HTTP 请求的模板，通过编写接口和插入注解，就可以定义好 HTTP 请求参数、格式及地址等信息。Feign 还可以结合 Eureka 和 Ribbon 实现服务调用的负载均衡。本节将通过一个简单的实例进行说明。

4.1.1 Feign 项目结构

Feign 项目结构如下。

（1）Eureka 注册中心应用负责管理各个服务注册信息。

（2）Feign 服务端应用负责提供对外接口服务。

（3）Feign 客户端应用负责调用 Feign Server 的服务。

4.1.2 Feign 客户端依赖

在 Spring Cloud 中集成 Feign 组件需要添加如下依赖。

（1）引入 spring-cloud-starter-openfeign 依赖。

```
<dependency>
```

```xml
        <groupId>org.springframework.cloud</groupId>
        <artifactId>spring-cloud-starter-openfeign</artifactId>
    </dependency>
```

（2）添加 Lombok 代码优化工具。

```xml
<dependency>
    <groupId>org.projectlombok</groupId>
    <artifactId>lombok</artifactId>
    <optional>true</optional>
</dependency>
```

如果想在编译阶段利用注解来进行一些检查，对用户的某些不合理代码给出错误报告，Lombok 通过修改包含@Data 注解类的语法树，从而添加 getter 和 setter 方法的树节点来实现对应的功能。

（3）添加测试工具 spring-boot-starter-test。

```xml
<dependency>
    <groupId>org.springframework.boot</groupId>
    <artifactId>spring-boot-starter-test</artifactId>
    <scope>test</scope>
</dependency>
```

（4）添加 Spring Boot 版本依赖。

```xml
<parent>
    <groupId>org.springframework.boot</groupId>
    <artifactId>spring-boot-starter-parent</artifactId>
    <version>2.1.8.RELEASE</version>
    <relativePath/>
</parent>
```

（5）添加 Spring Cloud 版本依赖，这里选择当前最新的 Greenwich.SR3。

```xml
    </dependencies>
    <dependencyManagement>
        <dependencies>
            <dependency>
                <groupId>org.springframework.cloud</groupId>
                <artifactId>spring-cloud-dependencies</artifactId>
                <version>Greenwich.SR3</version>
                <type>pom</type>
                <scope>import</scope>
            </dependency>
        </dependencies>
    </dependencyManagement>
```

因为 Feign 底层使用了 Ribbon 作为负载均衡的客户端，而 Ribbon 的负载均衡也是依赖于 Eureka 获得各个服务的地址，所以要引入 eureka-client。

4.1.3　Feign 客户端文件配置

文件配置增加以下内容。

（1）添加应用端口号 8080，应用名称设置为 feign-client。

```
server:
  port: 8080
spring:
  application:
    name: feign-client
```

（2）添加 Eureka 注册中心地址配置，并且开放应用健康检查端口。

```
eureka:
  client:
    service-url:
      defaultZone: http://localhost:8761/eureka
  instance:
    status-page-url-path: /info
    health-check-url-path: /health
```

Feign 超时配置，这里设置连接超时时间为 5000ms，读取超时时间为 8000ms，日志等级为基础等级。

```
feign:
  client:
    config:
      default:
        connectTimeout: 5000
        readTimeout: 8000
        loggerLevel: basic
```

完整配置如下。

```
server:
  port: 8082
#配置 Eureka
eureka:
  client:
    service-url:
      defaultZone: http://localhost:8761/eureka
  instance:
    status-page-url-path: /info
    health-check-url-path: /health
#服务名称
spring:
  application:
```

```
    name: product
  profiles:
    active: ${boot.profile:dev}
#Feign 的配置，连接超时及读取超时配置
feign:
  client:
    config:
      default:
        connectTimeout: 5000
        readTimeout: 5000
        loggerLevel: basic
```

4.1.4　Feign 客户端启动类配置

@SpringBootApplicationpubic 启动类加上@Enable FeignClient 和@Enable Discovery Client 注解，表示启用 Feign 客户端和 Eureka 客户端。

```
@EnableFeignClients
@EnableDiscoveryClient
@SpringBootApplicationpublic
class ProductApplication {
  public static void main(String[] args) {
    SpringApplication.run(ProductApplication.class, args);
  }
}
```

4.1.5　Feign 的配置方式

Fegin 主要有以下配置。
（1）开启注解。
（2）定义 FeignClient 接口。

扫描 EnableFeignClients 注解上的配置信息，注册默认的配置类，这个配置类是对所有 FeignClient 都生效的，即为全局的配置。

扫描带有@FeignClient 注解的接口，并注册配置类（此时的配置类针对当前 FeignClient 生效）和 FeignClientFactoryBean，此 bean 实现了 FactoryBean 接口。

4.1.6　Spring 两种类型的 bean 对象

什么是 bean？简单来说，bean 就是一个对象，但这个对象是被 IOC 容器初始

化、装配并管理的。bean 对象有两种：一种是普通的 bean；另一种是工厂 bean（FactoryBean），它返回的其实是 getObject 方法返回的对象。

getObject 方法就是集成原生 Feign 的核心方法，当 Spring 注入 FeignClient 接口时，getObject 方法会被调用，得到接口的代理类。

注意：在 FeignClient 指定配置类时，切记不要被 Spring 容器扫描到，否则会对全局生效。

自动加载配置类有以下 3 类。

（1）FeignAutoConfiguration。

（2）FeignClientsConfiguration。

（3）FeignRibbonClientAutoConfiguration。

这 3 类为 Feign 提供了所有的配置类。

4.1.7　Feign 客户端接口定义

这里定义一个客户端接口，用来获取用户信息，代码如下。

```java
@FeignClient(value = "feign-server")
public interface UserClient {
    /**
     * user 接口方法
     **/
    @GetMapping("/user")
    String getUserInfo(@RequestParam("userName") String userName);
}
```

4.1.8　Feign 服务端依赖

（1）这里配置两个 Feign 服务端应用，首先添加 Spring Boot 版本依赖。

```xml
<parent>
        <groupId>org.springframework.boot</groupId>
        <artifactId>spring-boot-starter-parent</artifactId>
        <version>2.1.8.RELEASE</version>
        <relativePath/> <!-- lookup parent from repository -->
    </parent>
```

（2）添加 Web 依赖>spring-boot-starter-web。

```xml
<dependency>
            <groupId>org.springframework.boot</groupId>
```

```
                <artifactId>spring-boot-starter-web</artifactId>
            </dependency>
```

（3）添加 Eureka 客户端依赖 spring-cloud-starter-netflix-eureka-client。

```
            <dependency>
                <groupId>org.springframework.cloud</groupId>
                <artifactId>spring-cloud-starter-netflix-eureka-client</artifactId>
            </dependency>
```

（4）添加 Spring Cloud 依赖组件。

```
    <properties>
            <java.version>1.8</java.version>
            <spring-cloud.version>Greenwich.SR3</spring-cloud.version>
    </properties>
<dependencyManagement>
        <dependencies>
            <dependency>
                <groupId>org.springframework.cloud</groupId>
                <artifactId>spring-cloud-dependencies</artifactId>
                <version>${spring-cloud.version}</version>
                <type>pom</type>
                <scope>import</scope>
            </dependency>
        </dependencies>
</dependencyManagement>
```

${spring-cloud.version}这里当前最新版本是 Greenwich.SR3。

4.1.9　Feign 服务端文件配置

（1）HardCodedTarget：定义目标接口和 URL。

（2）ReflectiveFeign：生成动态代理类，基于 jdk 的动态代理实现。

（3）feign.InvocationHandlerFactory.Default：接口方法统一拦截器创建工厂。

（4）FeignInvocationHandler：接口统一方法拦截器。

（5）ParseHandlersByName：解析接口方法元数据。

（6）SynchronousMethodHandler.Factory：接口方法的拦截器创建工厂。

（7）SynchronousMethodHandler：接口方法的拦截器，真正拦截的核心，这里真正发起 http 请求，处理返回结果。

（8）通过 feign.Feign.Builder 可以设置发送 http 请求的相关参数，如 http 客户端、重试策略、编解码、超时时间。

添加应用端口和应用名称配置。

```
server:
  port: 8090
spring:
  application:
    name: feign-server
```

添加 Eureka 注册中心地址配置 http://localhost:8000/eureka/。

```
eureka:
  client:
    service-url:
      defaultZone: http://localhost:8000/eureka/
```

完整配置如下。

```
server:
  port: 8090
spring:
  application:
    name: feign-server
eureka:
  client:
    service-url:
      defaultZone: http://localhost:8000/eureka/
```

4.1.10　Feign 服务端启动类

启动类增加@EnableEurekaClient 注解开启 Eureka 客户端，代码如下。

```
@SpringBootApplication
@EnableEurekaClient
public class FeignServerApplication {
    public static void main(String[] args) {
        SpringApplication.run(FeignServerApplication.class, args);
    }
}
```

在 Spring Boot 2.0 中，@EnableEurekaClient 声明包含 4 个注解，分别是@Target (ElementType.TYPE)、 @Retention(RetentionPolicy.RUNTIME)、 @Documented 和 @Inherited。

4.1.11　Feign 服务端控制器

增加 Feign 服务端控制器类，用于获取用户信息接口，代码如下。

```
@RestController
@RequestMapping("user")
```

```
public class UserController {
    @RequestMapping("/getUserInfo")
    public String userApi(@RequestParam("userName") String userName) {
        return "my name1 is:" + userName;
    }
}
```

按照相同的方式创建一个新的应用 feign-server2，除了端口和控制器返回值不同，其他都一样。

4.1.12　Feign 项目启动

按照以下顺序分别启动应用服务。

（1）启动 Eureka 注册中心应用。

（2）分别启动两个 Feign 服务端应用。

（3）最后启动 Feign 客户端应用。

启动之后，在浏览器中输入地址 http://localhost:8080/user-api/myInfo，可以看到 Feign 客户端响应结果，如图 4-1 所示。

图 4-1　Feign 客户端响应结果

刷新一次浏览器，可以看到返回的提示改变了，刷新浏览器后 Feign 客户端响应结果如图 4-2 所示。

图 4-2　刷新浏览器后 Feign 客户端响应结果

实际上部署的应用远多于两个，对于并发越高的产品，需要部署的服务也就越多。

4.2　Feign 请求

4.2.1　Feign get 请求

增加一个 getUserOrderInfo 方法，根据用户的名称获取订单信息。

用 restTemplate.getForEntity 方法进行 get 请求，代码如下。

```
@RequestMapping("/getUserOrderInfo")
    public ResponseEntity<String> getUserOrderInfo() {
        Return restTemplate.getForEntity(FEIGN_SERVER_URI + "/user/getUserOrderInfo?userName={1}",
                    String.class,
                    "Pony Ma");
    }
```

4.2.2　Feign post 请求

这个方法和 get 请求中的 getForEntity 方法类似，代码如下。

```
@RequestMapping("/postUserForm")
    public User postUserForm() {
        User user = new User("135", "Zuckerberg", "12315", "US");
        ResponseEntity<User>  responseEntity = restTemplate.postForEntity (FEIGN_
SERVER_URI + "/user/postUserInfo", user, User.class);
        return responseEntity.getBody();
    }
```

创建 User 实体，表示用户实体对象，代码如下。

```
@Data
public class User {
    String userId;
    String userName;
    String phone;
    String address;
    public User(String userId, String userName, String phone, String address) {
        this.userId = userId;
        this.userName = userName;
        this.phone = phone;
        this.address = address;
    }
}
```

获取用户信息，代码如下。

```
@PostMapping("/postUserInfo")
    public String userApi(@RequestBody User user) {
        return "feign-server2user info post success," + user;
    }
```

4.2.3　Feign 服务降级

增加一个 UserClientFallBack 继承 UserClient，实现其中的方法，代码如下。

```java
@Component
public class UserClientFallBack implements UserClient {
    /**
     * user 接口方法
     *
     * @param userName
     */
    @Override
    public String getUserInfo(String userName) {
        return "fallBack 回调方法：" + userName;
    }
}
```

在 UserClient 中添加 fallback 回调类，代码如下。

```java
@FeignClient(value = "feign-server", fallback = UserClientFallBack.class)
public interface UserClient {
    /**
     * user 接口方法
     */
    @GetMapping("/user/getUserInfo")
    String getUserInfo(@RequestParam("userName") String userName);
}
```

然后停掉两个 Feign 服务端，在浏览器上刷新，可以看到回调方法的输出，如图 4-3 所示。

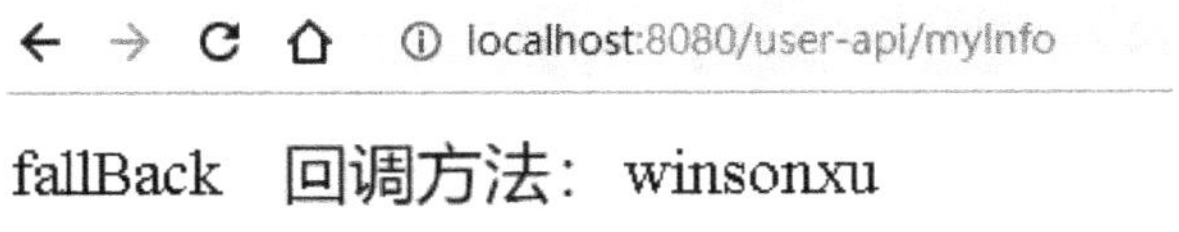

图 4-3　回调方法输出

4.3　Feign 高级配置

4.3.1　Feign 安全认证配置

添加一个 Basic 认证配置，配置相应的用户名和密码，代码如下。

```
@Configuration
public class FeignConfiguration {
    @Bean
    public BasicAuthRequestInterceptor basicAuthRequestInterceptor() {
        return new BasicAuthRequestInterceptor("user", "password");
    }
}
```

4.3.2　Feign 超时配置

通过 Options 可以配置连接超时时间和读取超时时间，Options 的第一个参数是连接超时时间（ms），默认值是 10×1000；第二个是读取超时时间（ms），默认值是 60×1000，代码如下。

```
@Configuration
public class FeignConfiguration {
    @Bean
    public Request.Options options() {
        return new Request.Options(5000, 10000);
    }
}
```

4.3.3　Feign 日志配置

可以通过日志配置来搜集日志信息。首先定义一个配置类，设置日志级别，代码如下。

```
@Configuration
public class FeignConfiguration {
    @Bean
    Logger.Level feignLoggerLevel() {
        return Logger.Level.FULL;
    }
}
```

日志等级有 4 种，具体如下。

（1）NONE：不输出任何日志。

（2）BASIC：只输出请求方法的 URL、响应的状态码和接口执行的时间。

（3）HEADERS：将 BASIC 信息和请求头信息输出。

（4）FULL：输出完整的请求信息。

4.3.4　Feign 核心类

这里介绍 Feign 的核心类。

（1）Builder(feign.Feign 包)：设置发送 http 请求的相关参数，如 http 客户端、重试策略、编解码、超时时间等。

（2）feign.Contract.Default：解析接口方法的元数据，构建 http 请求模板。feign.Client 发送 http 请求客户端，默认实现 feign.Client.Default，是使用 java.net 包实现的。

（3）Retryer：重试，默认实现 feign.Retryer.Default，超时延迟100ms 开始重试，每隔 1s 重试一次，重试 4 次。

（4）Options：超时时间，默认连接超时 10s，读取超时 60s。

（5）feign.codec.Encoder：编码器。

（6）feign.codec.Decoder：解码器。

（7）RequestInterceptor：请求拦截器，可以在发送 http 请求之前执行此拦截器。

（8）feign.Contract：接口方法元数据解析器。

4.4　Feign 整合 Zipkin

Zipkin 是一款开源的分布式实时数据追踪系统，基于 Google Dapper 的论文设计而来，由 Twitter 公司开发，其主要功能是聚集来自各个异构系统的实时监控数据。

Zipkin 可以分为两部分，其中一部分是 zipkin server，用来作为数据的采集存储、数据分析与展示。

zipkin client 是 Zipkin 基于不同的语言及框架封装的一系列客户端工具，这些工具完成了追踪数据的生成与上报功能。

当项目间的依赖越多时，Zipkin 发挥的作用也就越大。通过异常服务的调用链可以帮助开发者更快地定位到出问题的 bug，从而更快地定位到相关问题。

4.4.1　项目结构

项目主要分为以下 3 个结构。

（1）Zipkin 服务端应用。

（2）Zipkin 客户端应用。

（3）Eureka 注册中心应用。

4.4.2　Zipkin 服务端依赖

首先，增加一个 Zipkin 依赖 zipkin-server，代码如下。

```
<dependency>
    <groupId>io.zipkin.java</groupId>
    <artifactId>zipkin-server</artifactId>
    <version>2.6.1</version>
</dependency>
```

Zipkin 依赖包含了 collector、storage、search、webui；zipkin collector 会对一个到来的被 trace 的数据（span）进行验证、存储并设置索引，其中 storage 包括内存、mysql、es、cassandra。

其次，增加 Zipkin 界面依赖 zipkin-autoconfigure-ui，代码如下。

```
<dependency>
    <groupId>io.zipkin.java</groupId>
    <artifactId>zipkin-autoconfigure-ui</artifactId>
</dependency>
```

最后，新增 Zipkin 端口号 8090，将名称设置为 zipkin-server，代码如下。

```
server:
  port: 8090
spring:
  application:
    name: zipkin-server
```

启动主页，界面如图 4-4 所示。

图 4-4　Zipkin 服务端界面（1）

可以看到一些筛选条件，如图 4-5 所示。

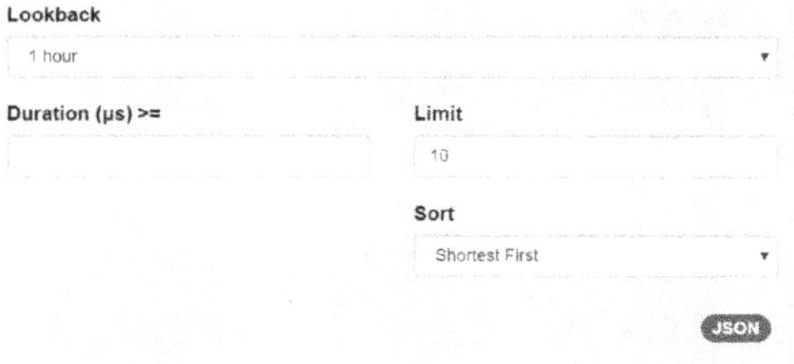

图 4-5　Zipkin 服务端界面（2）

从图 4-4 和图 4-5 中可以看到，zipkin 服务界面提供了一些查询条件，它们的含义如下。

（1）Service Name：表示服务名称，也就是各个微服务 spring.application.name 的值。

（2）Span Name：表示 span 的名称，"all"表示所有 span，也可选择指定 span。

（3）Annotations Query：用于自定义查询条件。

（4）Lookback：用于执行想要查看的时间段，如图 4-6 所示。

图 4-6　时间条件选择

如果 Lookback 选择 Custom（自定义）模式，那么还可以自定义起始时间，如图 4-7 所示。

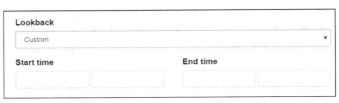

图 4-7　自定义起始时间

（5）Duration：表示持续时间，即 span 从创建到关闭所经历的时间。

（6）Limit：表示查询条数限制，默认是 10，这个不建议设置太大，否则查询时间过长。

（7）Sort：表示排序筛选条件，这里提供了 6 种，如图 4-8 所示。

图 4-8　排序筛选条件

4.4.3　Zipkin 客户端依赖

首先，添加 Zipkin 依赖 spring-cloud-starter-zipkin，代码如下。

```xml
<dependency>
    <groupId>org.springframework.cloud</groupId>
    <artifactId>spring-cloud-starter-zipkin</artifactId>
</dependency>
```

其次，整合 Sleuth 和 Zipkin，将跟踪信息输出到日志中，代码如下。

```xml
<dependency>
    <groupId>org.springframework.cloud</groupId>
    <artifactId>spring-cloud-sleuth-zipkin</artifactId>
</dependency>
```

Spring Cloud Sleuth 可以追踪以下类型的组件。

（1）async。

（2）hystrix。

（3）messaging。

（4）websocket。

最后，添加 Web 依赖 spring-boot-starter-web 和 lombok 依赖，代码如下。

```xml
<dependency>
    <groupId>org.springframework.boot</groupId>
    <artifactId>spring-boot-starter-web</artifactId>
</dependency>
<dependency>
    <groupId>org.projectlombok</groupId>
    <artifactId>lombok</artifactId>
    <optional>true</optional>
</dependency>
```

链路跟踪的信息发送给 Zipkin 的收集服务。

4.4.4　Zipkin 客户端配置文件

配置 Zipkin Server 的地址为 http://localhost:8090/，代码如下。

```yaml
spring:
  zipkin:
    base-url: http://localhost:8090/
```

然后启动之前的服务、访问接口，就可以看到数据已经能够在 Zipkin 的 Web 页面中了，如图 4-9 所示。

图 4-9　Zipkin 依赖列表

还可以查看到调用了的层级。Zipkin 链路依赖关系如图 4-10 所示。

图 4-10　Zipkin 链路依赖关系

4.5　Hystrix 注册中心

本节主要针对的熔断器 Hystrix 设计目的、原理、特性、容错机制和雪崩效应进行讲解。在分布式环境中，许多服务依赖项中的一些服务必然会失败，这些服务错误常常会恶化和扩散，并造成更严重的负面影响。因此，在无法绝对保证服务可用性的前提下，需要一种机制来保护服务错误。

微服务架构应该是有一定容错性的，而服务不可用的问题是客观存在的，Hystrix的特性可用来实现服务熔断、服务降级和线程隔离。本节通过一个原理图和一个实例来进行讲解。

Hystrix 主要有以下几大特性。

（1）服务熔断：记录各个服务的请求信息，通过成功、失败、拒绝、超时等统计信息判断是否打开断路器，将某个服务的请求进行熔断。一段时间后切换到半开路状态，若后面的请求正常则关闭断路器，否则继续打开断路器。

（2）服务降级：请求失败时的后备方法，故障时执行降级逻辑处理。

（3）线程隔离：通过线程池的方式实现资源的隔离，确保对某一服务的调用在出现故障时不会对其他服务造成影响，如果较底层的服务出现故障，会导致连锁故障。

4.5.1　Hystrix 原理

在微服务集群架构中，一般是一个请求调用多个服务。例如，一个下单请求就可能调用到用户服务、订单服务、支付服务等，如图 4-11 所示。

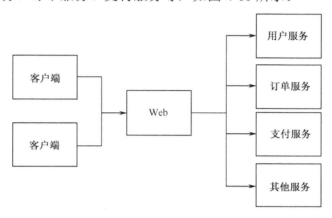

图 4-11　多服务调用

在开启断路器时，如果某个服务出现故障，就会直接在回调中返回错误信息，这样就不至于影响到整个服务了。

4.5.2　Hystrix 项目结构

Hystrix 主要创建以下 3 个项目。
（1）Eureka 注册中心应用，管理应用注册信息。
（2）Hystrix 服务端应用，用于提供接口服务。
（3）Hystrix 客户端应用，向服务端发起请求，拉取数据。

4.5.3　Hystrix 注册中心依赖

在 pom.xml 中添加 Eureka 注册中心 Maven 依赖，代码如下。

```
<dependency>
    <groupId>org.springframework.cloud</groupId>
    <artifactId>spring-cloud-starter-netflix-eureka-server</artifactId>
</dependency>
```

2.0 版本以下的可以使用 spring-cloud-starter-eureka-server，2.0 版本以上的建议使用 spring-cloud-starter-netflix-eureka-server。

4.5.4　Hystrix 文件配置

增加应用名称 eureka-server 和应用端口号 8000，代码如下。

```
spring:
    application:
        name: eureka-server
server:
    port: 8000
```

4.5.5　Hystrix 相关参数配置

Hystrix 有以下几个常用配置参数。

（1）最小请求数。

```
Hystrix.command.default.circuitBreaker.requestVolumeThreshold
```

（2）触发短路的时间。

```
Hystrix.command.default.circuitBreaker.sleepWindowInMilliseconds
```

（3）出错百分比阈值，当达到此阈值后，开始短路。

```
Hystrix.command.default.circuitBreaker.errorThresholdPercentage
```

（4）并发执行的最大线程数。

```
Hystrix.threadpool.default.coreSize
```

（5）最大并发请求数。

```
Hystrix.command.default.fallback.isolation.semaphore.maxConcurrentRequests
```

4.5.6　Hystrix 隔离策略

Hystrix 隔离策略有 Thread（线程隔离）与 Semaphore（信号隔离）两种模式。Thread 在单独的线程上执行，并发请求受线程池中线程数量的限制；Semaphore 在调用线程上执行，并发请求受到信号量计数的限制。默认使用 Thread 模式。以下几种场景可以使用 Semaphore 模式：只想控制并发度；外部的方法已经做了线程隔离；调用的是本地方法或可靠度非常高、耗时特别小的方法（如 medis）。

4.5.7 Eureka 启动

新增@EnableEurekaServer 注解，代码如下。

```
@SpringBootApplication
@EnableEurekaServer
public class EurekaServer1Application {
    public static void main(String[] args) {
        SpringApplication.run(EurekaServer1Application.class, args);
    }
}
```

部署完成，启动项目即可。

4.6 构建 Hystrix 服务端

新增一个 Spring Boot 应用作为 Hystrix 服务端。

4.6.1 Hystrix 服务端组件依赖

pom.xml 增加 Eureka 客户端 Maven 依赖。
首先，添加 Eureka 客户端 spring-cloud-starter-netflix-eureka-client。

```
<dependency>
            <groupId>org.springframework.cloud</groupId>
            <artifactId>spring-cloud-starter-netflix-eureka-client</artifactId>
</dependency>
```

然后，添加 Web 依赖文件 spring-boot-starter-web。

```
<dependency>
            <groupId>org.springframework.boot</groupId>
            <artifactId>spring-boot-starter-web</artifactId>
</dependency>
```

4.6.2 Hystrix 文件配置

设置应用名称为 hystrix-web，应用端口号为 9001，代码如下。

```
spring:
    application:
        name:  hystrix-web
```

```
server:
    port: 9001
```

4.6.3　Hystrix 启动类

启动类增加@EnableHystrix 和@EnableFeignClients 注解，Hystrix 服务端也是一个 Feign 客户端，代码如下。

```
@EnableDiscoveryClient
@SpringBootApplication
public class Hystrix 消费者 Application {
    public static void main(String[] args) {
        SpringApplication.run(Hystrix 消费者 Application.class, args);
    }
}
```

新建一个和 hystix-web1 完全一致的项目，把端口号改为 9002，应用名称还是 hystrix-web，然后启动这个应用。这样做可以起到负载均衡的作用，某些原因导致请求无响应或响应正常，但整个业务不会受到太大的影响，这样就直接提高了项目的容错性能。

4.6.4　Eureka 配置文件

首先，增加一个 Controller 接收外部请求，代码如下。

```
@RestController
public class HystrixController {
    @RequestMapping("/testHystrix")
    public String testHystrix(@RequestParam String input) {
        return "testHystrix method1,your input is:" + input;
    }
}
```

然后，创建一个和上述一模一样的项目，端口号改为 9002（应用名称不变），代码如下。

```
spring:
  application:
      name:   hystrix-server
server:
    port: 9002
```

Controller 的返回值修改一下，便于区分响应的项目来源，代码如下。

```
@RestController
public class HystrixController {
    @RequestMapping("/testHystrix")
    public String testHystrix(@RequestParam String input) {
        return "testHystrix method2,your input is:" + input;
    }
}
```

4.7 构建 Hystrix 客户端

4.7.1 Hystrix 客户端依赖

（1）首先，添加客户端 Maven 依赖 spring-cloud-starter-netflix-eureka-client，代码如下。

```
<dependency>
        <groupId>org.springframework.cloud</groupId>
        <artifactId>spring-cloud-starter-netflix-eureka-client</artifactId>
</dependency>
```

其次，增加端口号 9000，应用名称设置为 hystrix-client，代码如下。

```
spring:
    application:
        name:  hystrix-client
server:
    port: 9000
```

最后，开启熔断配置，设置 feign.hystrix.enabled 的属性为 true，代码如下。

```
feign:
    hystrix:
        enabled: true
```

（2）application.yml 添加配置，开启 hystrix 功能，设置 feign.hystrix.enabled 的属性为 true，代码如下。

```
feign:
    hystrix:
        enabled: true
```

4.7.2 Hystrix 客户端启动配置

Fallback 相当于是降级操作，对于查询操作，可以实现一个 fallback 方法。当请求后端服务出现异常时，fallback 方法的返回值一般是默认值或来自缓存。

首先，创建一个接口类，声明一个方法 testHystrix，指定 fallback 类，代码如下。

```
@HystrixCommand(fallbackMethod = "userError")
public String getUserInfo(String nick) {
    return  restTemplate.getForObject(USER_SERVICE  +  "getUserInfo?nick="  +  nick,
String.class);
}
```

然后，添加一个异常回调方法，这里直接返回一行文字提示（通常情况下需要做一个明显的标志，并加入监控和告警代码），代码如下。

```
public String userError(String nick) {
    return "用户接口返回异常, 昵称为：" + nick;
}
```

以下是完整的服务方法。

```
@Service
public class UserService {
    @Resource
    private RestTemplate restTemplate;
    private static final String USER_SERVICE = "http://hystrix-web/";

    //fallbackMethod  降级
    //groupKey、commandKey 作为命令统计的分组及命令名称
    //threadPoolKey 指定线程池的划分
    // groupKey = "hello", commandKey = "str", threadPoolKey = "helloStr"
    @HystrixCommand(fallbackMethod = "userError")
    public String getUserInfo(String nick) {
        return restTemplate.getForObject(USER_SERVICE + "getUserInfo?nick=" + nick,
String.class);
    }
    public String userError(String nick) {
        return "用户接口返回异常,昵称为：   " + nick;
    }
}
```

4.7.3 Hystrix 增加控制类

创建 HelloRemoteHystrix 类继承与 HelloRemote 实现回调的方法，代码如下。

```
@RestController
@RequestMapping("user")
public class UserController {
```

```
@Resource
private UserService userService;
@GetMapping("userInfo/{nick}")
public String getUserInfo(@PathVariable("nick") String nick) {
    return userService.getUserInfo(nick);
}
}
```

启动方法为，在浏览器中输入请求地址，然后操作以下步骤。

（1）关闭 hystrix-web1 应用，可以看到服务依旧可以请求，都到 hystix-web2 当中了。

（2）关闭 hystix-web2 应用。

可以看到请求返回的信息调用了回调的方法，请求响应值如图 4-12 所示。

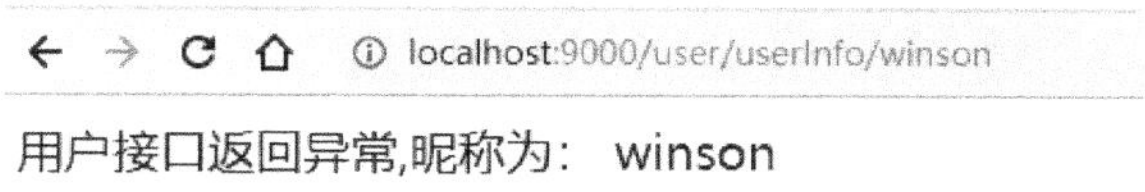

图 4-12　请求响应值

4.7.4　Hystrix 回退支持

模拟调用超时失败，首先修改 MyHystrixCommand，增加 getFallback 方法返回回退内容。

（1）声明一个私有变量，代码如下。

```
private final String name;
```

（2）增加回调函数，参数为上面声明的 name，代码如下。

```
public MyHystrixCommand(String name) {
    super(HystrixCommandGroupKey.Factory.asKey("groupId"));
    this.name = name;
}
```

（3）多线程函数设置，这里运行时间延迟 10s，代码如下。

```
@Override
protected String run() {
    try {
        Thread.sleep(1000 * 10);
    } catch (InterruptedException e) {
        e.printStackTrace();
```

```
            }
            return this.name + ":" + Thread.currentThread().getName();
        }
```

（4）增加回调失败函数，代码如下。

```
        @Override
        protected String getFallback() {
            return "失败了";
        }
```

一般接口调用失败都需要回调函数作为提示，代码如下。

```
    public class MyHystrixCommand extends HystrixCommand<String> {
        private final String name;
        public MyHystrixCommand(String name) {
            super(HystrixCommandGroupKey.Factory.asKey("MyGroup"));
            this.name = name;
        }
        @Override
        protected String run() {
            try {
                Thread.sleep(1000 * 10);
            } catch (InterruptedException e) {
                e.printStackTrace();
            }
            return this.name + ":" + Thread.currentThread().getName();
        }
        @Override
        protected String getFallback() {
            return "失败了 ";
        }
    }
```

重新执行调用代码，可以发现返回的内容是"失败了"，证明已经触发了回退机制。

执行命令（上述 Command 对象包装的逻辑）判断以下场景。

（1）返回结果是否有缓存。

（2）请求线路（类似电路）是否为开路。

（3）线程池、请求队列和信号量占满时会发生什么。

（4）使用 HystrixObservableCommand.construct()还是 HystrixCommand.run()来计算链路健康度。

4.8　本章小结

熔断器 Hystrix 对服务进行过载保护的功能让开发者能更方便地跟踪服务状态。Hystrix 能让集群服务在遇到问题时提高容错率。Hystrix 是一个库，通过添加延迟容忍和容错逻辑，控制分布式服务的交互。

Hystrix 通过隔离服务之间的访问点、停止级联失败和提供回退选项来实现这一点，所有这些都可以提高系统的整体弹性。

在微服务架构下，很多服务都相互依赖，如果不能对依赖的服务进行隔离，那么服务本身也有可能发生故障，Hystrix 通过 HystrixCommand 对调用进行隔离，这样可以阻止故障的连锁效应，能够让接口返回失败信息，进行回退处理。

本章主要针对 Feign 的功能做了介绍，还介绍了自定义的 Feign 配置和一些特性，以及如何在非 Spring Cloud 框架的支持下使用 Feign。Feign 和 Ribbon 在功能上是紧密相关的，读者在学习时可以将这两章放在一起，能获得更深入的体会。

第 5 章

Ribbon 负载均衡器

Ribbon 是 Netflix 众多开源项目的一个子项目，主要功能是为客户端提供负载均衡。负载均衡是分布式系统中一个很重要的功能，对整个 Spring Cloud 服务集群的性能和数据处理能力起着重要的作用。在一个集群中，一个服务往往部署着多台服务器，人们希望服务请求的流量均衡地分布到每台服务器上，而不是大量的流量集中在其中的一两台服务器上，其他服务器则处于空闲状态，这样对资源是很大的浪费，因此需要 Ribbon 做负载均衡，将请求均衡分配到各服务器中。

5.1 Ribbon 注册中心

Spring Cloud Ribbon 是基于 Netflix Ribbon 封装而来的，主要用来解决集群中不同服务间调用的通信问题，并支持多种协议，如 HTTP、UDP 和 TCP 协议。作为一款负载均衡器，它提供了可扩展的负载均衡算法，如轮询、随机等。如果开发者有更多的需求，还可以自定义 Ribbon 的负载均衡算法，这就是其强大的可扩展性。

5.1.1 Eureka 实例

（1）添加文件依赖。新建一个名称为 ribbon-eureka 的项目，这个项目作为注册中心要引入相关依赖，首先增加 Web 启动依赖 spring-boot-starter-web，代码如下。

```
<dependency>
    <groupId>org.springframework.boot</groupId>
    <artifactId>spring-boot-starter-web</artifactId>
</dependency>
```

然后，增加 Eureka 服务注册中心依赖 spring-cloud-starter-netflix-eureka-server，代码如下。

```
<dependency>
    <groupId>org.springframework.cloud</groupId>
    <artifactId>spring-cloud-starter-netflix-eureka-server</artifactId>
</dependency>
```

再增加 Ribbon 组件 spring-cloud-starter-netflix-ribbon，代码如下。

```
<dependency>
    <groupId>org.springframework.cloud</groupId>
    <artifactId>spring-cloud-starter-netflix-ribbon</artifactId>
</dependency>
```

2.0 版本以上的一般都选择 spring-cloud-starter-netflix-ribbon，而不是 spring-cloud-starter-ribbon。

（2）增加文件配置。首先，在 bootstrap.yml 中添加配置项，应用端口号为 8070，应用名称设置为 ribbon-eureka，代码如下。

```
server:
  port: 8070
spring:
  application:
    name: ribbon-eureka
```

然后，增加应用主机名称配置 ribbon-eureka-host。

```
eureka:
  instance:
      hostname: ribbon-eureka-host
```

接着配置注册中心。

```
eureka:
  client:
    #从注册中心获取注册信息，默认为 true
    fetch-registry: false
    #是否将当前实例信息注册到注册中心，默认是 true
    register-with-eureka: false
    #设置 Eureka 地址
    service-url:
      defaultZone: http://localhost:8070/eureka
```

以下是完整配置。

```
eureka:
  instance:
    hostname: ribbon-eureka-host
  client:
    #从注册中心获取注册信息，默认为 true
    fetch-registry: false
    #是否将当前实例信息注册到注册中心，默认是 true
```

```
register-with-eureka: false
#设置 Eureka 地址
service-url:
  defaultZone: http://localhost:8070/eureka
```

使用负载均衡带来的好处很明显：当集群中的一台或多台服务器宕机时，剩余的没有宕机的服务器可以保证服务的继续使用。使用更多的机器保证了机器的良性使用，不会由于某一高峰时刻导致系统 CPU 急剧上升。

（3）增加启动类注解@EnableEurekaServer。

```
@SpringBootApplication
@EnableEurekaServer
public class RibbonEurekaApplication {
    public static void main(String[] args) {
        SpringApplication.run(RibbonEurekaApplication.class, args);
    }
}
```

5.1.2　Ribbon 服务端实例

（1）创建一个名称为 ribbon-server 的项目，启动类增加注解@EnableDiscoveryClient。

```
@SpringBootApplication
@EnableDiscoveryClient
public class RibbonServerApplication {
    public static void main(String[] args) {
        SpringApplication.run(RibbonServerApplication.class, args);
    }
}
```

（2）增加控制器，用来获取端口号配置。

```
@RestController
public class CheckController {
    @Resource
private Environment environment;
    @GetMapping("/")
    public String health() {
        return "I am Ok";
    }

    @GetMapping("/backend")
    public String backend() {
        System.out.println("Inside MyRestController::backend...");
```

```
        String serverPort = environment.getProperty("local.server.port");
        System.out.println("Port:" + serverPort);
        return "Hello form Backend!!! " + " Host : localhost " + " :: Port : " + serverPort;
    }
}
```

（3）在配置文件 application.yml 中添加应用名称 ribbon-server 和端口号配置 8071。

```
spring:
  application:
name: ribbon-server
server:
  port: 8071
```

（4）配置 Eureka 注册中心地址，配置 Eureka 客户端发送心跳给 Server 端的频率 leaseRenewalIntervalInSeconds。

```
eureka:
  client:
    serviceUrl:
      defaultZone: http://localhost:port:8080/eureka/
    healthcheck:
      enabled: true
  instance:
    leaseRenewalIntervalInSeconds: 1
    leaseExpirationDurationInSeconds: 2
```

leaseExpirationDurationInSeconds 表示 Eureka Server 至上一次收到 Client 的心跳之后，等待下一次心跳的超时时间，在这个时间内若没有收到下一次心跳，则将移除该 instance。这个值默认是 90s，若该值设置太大，则很可能在将流量转发过去时，该 instance 已经不存在了；若该值设置太小，则 instance 很可能因为临时的网络抖动而被摘除，因此该值至少应该大于 leaseRenewalIntervalInSeconds。完整配置代码如下。

```
spring:
  application:
    name: ribbon-server
server:
  port: 8071
eureka:
  client:
    serviceUrl:
      defaultZone: http://${registry.host:localhost}:${registry.port:8761}/eureka/
    healthcheck:
      enabled: true
  instance:
    leaseRenewalIntervalInSeconds: 1
    leaseExpirationDurationInSeconds: 2
```

最后增加一个 restful 请求接口，用来获取配置的服务端口号，代码如下。

```
@RestController
@RequestMapping("api")
public class ApiController {
    @Value("${server.port}")
    private String serverPort;
    @RequestMapping("/getServerPort")
    public String getServerPort() {
        return "服务器端口号为： " + serverPort;
    }
}
```

5.1.3　Ribbon 客户端实例

（1）新建一个名称为 ribbon-client 的项目，在 pom.xml 文件中添加 Maven 依赖。

```
<dependency>
    <groupId>org.springframework.boot</groupId>
    <artifactId>spring-boot-starter-actuator</artifactId>
</dependency>
```

不然会报下列异常。

Caused　　　by:java.lang.ClassNotFoundException: org.springframework.boot.actuate.health.OrderedHealthAggregator

增加 Ribbon 核心依赖 spring-cloud-starter-netflix-ribbon。

```
<dependency>
    <groupId>org.springframework.cloud</groupId>
    <artifactId>spring-cloud-starter-netflix-ribbon</artifactId>
</dependency>
```

增加 Eureka 客户端依赖。

```
<dependency>
    <groupId>org.springframework.cloud</groupId>
    <artifactId>spring-cloud-starter-netflix-eureka-client</artifactId>
</dependency>
```

增加 actuator 组件。

```
<dependency>
    <groupId>org.springframework.boot</groupId>
    <artifactId>spring-boot-starter-actuator</artifactId>
</dependency>
```

（2）在 application.xml 文件中增加配置如下。

添加应用名称和应用端口配置，配置名称为 ribbon-client，端口号使用 8090。

```yaml
spring:
  application:
name: ribbon-client
server:
  port: 8090
```

添加 Ribbon 服务开发配置。

```yaml
ribbon:
  eureka:
  ServerListRefreshInterval: 1000
  enabled: false
```

添加 Eureka 注册中心配置。

```yaml
eureka:
  client:
    serviceUrl:
    defaultZone: http://localhost:8070/eureka/
    healthcheck:
      enabled: true
    instance:
      #eureka 客户端发送心跳的频率
      leaseRenewalIntervalInSeconds: 5
      #eureka 服务端上一次收到客户端发送的心跳之后,等待下一次心跳的超时时间
```

（3）启动类增加注解@EnableDiscoveryClient 和@RibbonClient，代码如下。

```java
@SpringBootApplication
@EnableDiscoveryClient
@RibbonClient(name = "server", configuration = RibbonConfiguration.class)
public class RibbonWeb1Application {
    public static void main(String[] args) {
        SpringApplication.run(RibbonWeb1Application.class, args);
    }
}
```

（4）增加业务逻辑配置。

```java
public class RibbonConfiguration {
    @Resource
    IClientConfig config;
    @Bean
    public IPing ribbonPing(IClientConfig config) {
        return new PingUrl();
    }
    @Bean
    public IRule ribbonRule(IClientConfig config) {
        return new AvailabilityFilteringRule();
```

```
        }
    }
```

（5）增加 RestTemplate 配置。

```
@Configuration
public class NetConfiguration {
    //@LoadBalanced 不要去实现本地负载均衡效果
    @Bean
    RestTemplate restTemplate() {
        return new RestTemplate();
    }
}
```

完成代码的编写之后，依次启动项目，在浏览器中输入请求地址。

```
localhost:8080
```

可以看到 Eureka 注册中心有 ribbon-server 和 ribbon-client 两个注册实例。然后打开新标签，输入请求地址。

```
localhost:8071/getServerPort
```

可以看到浏览器输出服务器端口号为 8071。

说明 ribbon-server 向 ribbon-client 发出了请求，stores.ribbon.listOfServers 配置是列出服务请求的客户端地址，取消 Ribbon 使用 Eureka。

```
ribbon:
  eureka:
    enabled: false
```

配置 Ribbon 能访问的微服务节点，多个节点之间用逗号隔开。

```
microservice-provider-user:
  ribbon:
listOfServers: localhost:7900
```

5.1.4 Ribbon 负载均衡

负载均衡的作用如下。

（1）提高集群承载高并发请求的能力。

（2）用于主备切换。

（3）在服务器集群请求压力大时做横向扩展。

（4）对请求服务器做黑白名单限制。

Ribbon 自带负载均衡组件，具体如下。

（1）RoundRobinRule：轮询策略。

（2）RandomRule：随机策略。

（3）AvailabilityFilteringRule：有效服务过滤策略。过滤无法正常响应的服务器，对其他正常响应的服务器进行轮询访问。

（4）WeightedResponseTimeRule：权重策略。根据所有服务的平均响应时间计算权重，按照权重选择服务器。

（5）RetryRule：重试策略。若服务器无法连接，则重新选择服务器进行连接。

（6）BestAviableRule：选择并发数低的服务器。

5.2　Ribbon 常用配置

5.2.1　Ribbon 注册中心状态设置

如果用不到 Ribbon，那么可以在配置文件中禁用 Eureka，配置 ribbon.eureka.enabled 属性为 false。

```
ribbon:
eureka:
    enabled : false
```

当禁用了 Eureka 之后，客户端就不会从注册中心读取服务列表，而是从本地配置文件中读取服务列表，此时需要手动添加服务列表。假如客户端要调用两个服务，分别是 ribbon-service1 和 ribbon-service2，它们分别部署在 4 台服务器上，就需要指定如下配置。

```
ribbon-service1:
  ribbon:
    listOfServers: host1:8001,host2:8001
ribbon-client2:
  ribbon:
listOfServers: host3:8001,host4:8001
NFLoadBalancerRuleClassName: com.netflix.loadbalancer.RandomRule
```

这里通过 listOfServers 制定了服务所在的服务器列表，多个服务器之间用逗号分隔，并且 ribbon-client2 还制定了随机的负载均衡策略，开发者可以根据需要配置 NFLoadBalancerRuleClassName 字段，设置成对应的均衡策略。

5.2.2　Ribbon 注册中心超时设置

人们在使用 App 上网时，有时候会出现网络不好的情况，请求会一直转圈，这种体验是很差的。因此在开发中，要考虑到服务请求之间出现的不可控因素，如提供服务的接口没有响应或网络出现异常，这种情况下请求不能做无限期的等待，需要做超时处理，及时给客户端做出反馈。例如，给用户一个"当前网络不好，请稍后重试"的提示比让用户一直看着界面转圈体验要好得多。

（1）添加连接超时时间设置，这个超时时间需要根据调用服务的平均连接时长确定，一般不超过 5s。

```
ribbon:
ConnectTimeout: 5000
```

（2）添加读取超时时间设置，根据平均读取服务时长确定，最好不超过 10s。

```
ribbon:
    ReadTimeout: 8000
```

这里要解释一下 ConnectTimeout 和 ReadTimeout。首先要知道，一个 http 请求会经历以下 3 个阶段。

（1）客户端和服务端建立连接。

（2）客户端和服务端开始数据传输。

（3）客户端和服务端断开连接。

建立连接会经过客户端和服务端的 3 次握手，完成 3 次握手之后 TCP 连接才建立完成，ConnectTimeout 就是用于第一阶段，制定了建立连接的最大时间。例如。上面设定了 5s，如果连接不能在 5s 内完成，就会抛出 ConnectionTimeOutException 异常。

完成第一阶段之后，客户端和服务端就会进入第二阶段进行数据包的传输，服务端需要根据客户端的请求处理相关的数据，如果服务端在处理时出现异常，没有及时返回客户端所需要的信息，那么这时就会发生 ReadTimeout，即读写超时。

在日常开发中，通常需要根据日志信息定位问题的所在。例如，如果控制台打印出来的是连接超时异常：java.net.SocketException: connect time out，那么可以排查一下网络问题；如果控制台打印出来的是读写超时异常：Java.net.SocketException: read time out，那么需要排查一下服务端接口的业务逻辑是否有异常。这样就能很方便地定位到开发中遇到的一些疑难问题。

5.2.3　Ribbon 路由配置

配置 Ribbon 最简单的方式就是通过配置文件来实现。

```
serviceId:
    ribbon:
        MaxTotalConnections: 100
        MaxConnectionsPerHost: 100
```

通过代码方式来配置之前自定义的负载策略，首先需要创建一个配置类初始化自定义的策略，代码如下。

```
@Configuration
public class BeanConfiguration {
    @Bean
    public MyRule rule() {
        return new MyRule();
    }
}
```

创建一个 Ribbon 客户端的配置类，关联 BeanConfiguration，用 name 来指定调用的服务名称，代码如下。

```
@RibbonClient(name = "ribbon-config-demo",  configuration = BeanConfiguration.class)
public class RibbonClientConfig {
}
```

可以去掉之前配置文件中的策略配置，然后重启服务，访问接口即可看到和之前一样的效果。

Ribbon 中对应的实现类是 LoadBalancerInterceptor，具体源码如下。

```
public class LoadBalancerInterceptor implements ClienthttpRequestInterceptor {
    private LoadBalancerClient loadBalancer;
    private LoadBalancerRequestFactory requestFactory;
    @Override
    public ClienthttpResponse intercept(final httpRequest request,  final byte[] body,
        final ClienthttpRequestExecution execution) throws IOException {
//服务名称
        String serviceName = request.getURI().getHost();
        return   this.loadBalancer.execute(serviceName,requestFactory.createRequest(request,
body,execution));
    }
}
```

这里 LoadBalancerInterceptor 类通过实现 ClienthttpRequestInterceptor 接口中的 intercept 方法，然后在这个方法中调用 LoadBalancerClient 类提供的 execute 执行方法，下面来看 LoadBalancerClient 接口都定义了哪些方法。

```
public interface LoadBalancerClient {

    ServiceInstance choose(String serviceId);

    <T> T execute(String serviceId, LoadBalancerRequest<T> request) throws IOException;

    URI reconstructURI(ServiceInstance instance, URI original);

}
```

可以看到定义了 3 种方法，具体如下。

（1）choose：根据服务名参数从负载均衡器中获取对应的实例。

（2）execute：执行请求内容。

（3）reconstructURI：构建一个请求 URI 地址。

5.3　本章小结

通过本章的学习，读者不仅了解了 Ribbon 的概念、子模块和负载均衡策略，还通过一个实战案例了解了 Ribbon 在开发中的使用和部署。Ribbon 作为一个基于 TCP 和 HTTP 的负载均衡工具，结合 RestTemplate 来作为网络请求的方式是在 Java 开发中比较常见的。

第6章

Config 配置中心

第 5 章讲解了 Spring Cloud 的核心功能注册中心，本章讲解另一个重要的功能——Config 配置中心。目前 Config 配置中心采用的方案主要有 Spring Cloud Config、Apollo 和 Nacos。

6.1 Config 服务端

Spring Cloud Config 分为客户端和服务端两部分，服务端一般部署为配置中心，每个应用的配置文件都发布到配置中心，然后客户端读取配置中心的配置项。此外，配置中心还可以配置项目的 git 地址，当 Git 仓库检测到有新的配置更新时自动刷新缓存和配置数据。

在 pom.xml 中添加相关依赖，Spring Boot 选择了当前最新的 2.1.4 版本。

```
<parent>
        <groupId>org.springframework.boot</groupId>
        <artifactId>spring-boot-starter-parent</artifactId>
        <version>2.2.4.RELEASE</version>
        <relativePath/>
</parent>
```

通过继承 spring-boot-starter-parent，从而集成了一些默认的版本依赖。

（1）Java 版本。

（2）项目初始的编码方式，具体如下。

```
spring:
    application:
        name: spring-boot-demo
    http:
        encoding:
```

```
            charset: UTF-8
            enabled: true
            force: true
```

然后，在 config 配置类中新增一个 Bean 注解方法。

```java
@Bean
public httpMessageConverter<String> responseBodyConverter() {
    return new StringhttpMessageConverter(Charset.forName("UTF-8"));
}
```

（3）引入常用组件的依赖。

（4）项目编译构建，然后完成打包发布。

```xml
<build>
  <plugins>
    <plugin>
      <groupId>org.springframework.boot</groupId>
      <artifactId>spring-boot-Maven-plugin</artifactId>
      <version>${vversion}</version>
      <configuration>
        <executable>true</executable>
      </configuration>
      <executions>
        <execution>
          <goals>
            <goal>repackage</goal>
          </goals>
        </execution>
      </executions>
    </plugin>
  </plugins>
</build>
```

（5）根据不同环境识别不同的配置项，常见的是环境配置，可以使用双@符号的占位符：

```
spring.profiles.active=@profileActive@
```

或者大括号${}的占位符：

```
spring.profiles.active=${profileActive}
```

（6）识别配置文件后缀，如 application-dev.properties 和 application-dev.yml。

依赖版本选择 Greenwich.SR4，这个版本更新迭代很快，也不一定要最新的，因为可能会涉及迭代的问题。

```xml
<dependencyManagement>
    <dependencies>
        <dependency>
```

```
        <groupId>org.springframework.cloud</groupId>
        <artifactId>spring-cloud-dependencies</artifactId>
        <version>Greenwich.SR4</version>
        <type>pom</type>
        <scope>import</scope>
    </dependency>
  </dependencies>
</dependencyManagement>
```

然后添加 Actuator 依赖，Actuator 是 Spring Boot 提供的对应用系统的自省和监控的集成功能，可以查看应用配置的详细信息。例如，获取程序上下文所有 Bean 和 Bean 之间的关系（/actuator/beans）、获取应用内存使用量和外部请求数（/actuator/metrics）、获取线程活动快照（/actuator/dump）及全部环境属性（/actuator/env）等。在引入 Actuator 依赖时，需要注意版本的对应，不然会报很多类似 ClassNotFoundException 的异常，如图 6-1 所示。

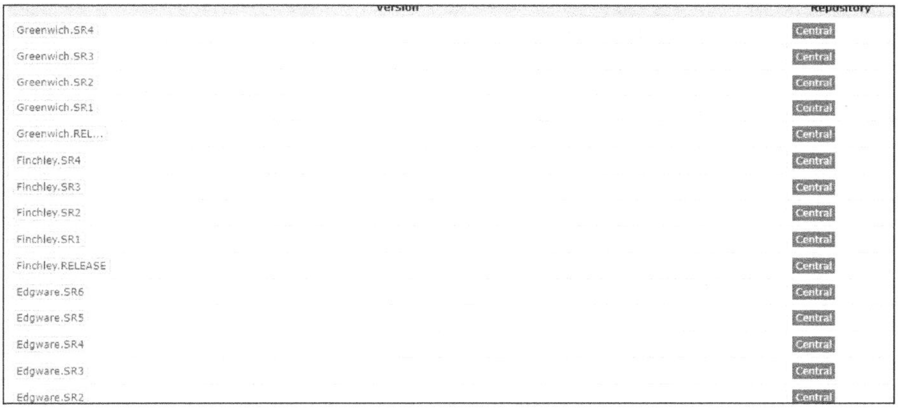

图 6-1　Maven 版本依赖关系

6.2　Config 客户端

6.2.1　Config 客户端依赖

Config 客户端需要添加一些依赖。首先，添加 Web 依赖 spring-boot-starter-web。

```
<dependency>
    <groupId>org.springframework.boot</groupId>
    <artifactId>spring-boot-starter-web</artifactId>
</dependency>
```

其次，添加 Config 客户端依赖 spring-cloud-config-client。

```
<dependency>
    <groupId>org.springframework.cloud</groupId>
    <artifactId>spring-cloud-config-client</artifactId>
</dependency>
```

最后，添加 Eureka 客户端依赖 spring-cloud-starter-netflix-eureka-client。

```
<dependency>
    <groupId>org.springframework.cloud</groupId>
    <artifactId>spring-cloud-starter-netflix-eureka-client</artifactId>
</dependency>
```

spring-cloud-config-client 组件内部的原理是在应用启动时从配置中心拉取数据到本地，然后设置到 ConfigurableEnvironment 中，从配置中心拉取配置信息的源码如下。

```
@Bean
@ConditionalOnMissingBean(ConfigServicePropertySourceLocator.class)
@ConditionalOnProperty(value = "spring.cloud.config.enabled", matchIfMissing = true)
    Public     ConfigServicePropertySourceLocator     configServicePropertySource(ConfigClient
Properties properties) {
        ConfigServicePropertySourceLocator sourceLocator = new ConfigServiceProperty
SourceLocator(
                    properties);
        return sourceLocator;
    }
```

可以看到这里有以下两个 Conditional 前缀的注解。

（1）@ConditionalOnMissingBean(ConfigServicePropertySourceLocator.class)。

（2）@ConditionalOnProperty(value = "spring.cloud.config.enabled", matchIfMissing = true)。

注解表示不配置 spring.cloud.config.enabled 属性也能让这个 Bean 方法生效。

除了上面的远程读取配置，还加入了重试机制，代码如下。

```
@ConditionalOnProperty(value = "spring.cloud.config.fail-fast")
    @ConditionalOnClass({ Retryable.class, Aspect.class, AopAutoConfiguration.class })
    @Configuration
    @EnableRetry(proxyTargetClass = true)
    @Import(AopAutoConfiguration.class)
    @EnableConfigurationProperties(RetryProperties.class)
    protected static class RetryConfiguration {

        @Bean
        @ConditionalOnMissingBean(name = "configServerRetryInterceptor")
```

```java
            public RetryOperationsInterceptor configServerRetryInterceptor(
                    RetryProperties properties) {
                return RetryInterceptorBuilder
                        .stateless()
                        .backOffOptions(properties.getInitialInterval(),
                                properties.getMultiplier(), properties.getMaxInterval())
                        .maxAttempts(properties.getMaxAttempts()).build();
            }
        }
```

6.2.2　Config 客户端文件配置

bootstrap.yml 配置主要是注意 Config 服务端地址的配置，添加应用端口为 9003。

```yaml
    server:
        port: 9003
```

然后添加应用名称为 config-client3。

```yaml
    spring:
        application:
            name: config-client3
```

设置应用环境为 dev。

```yaml
    spring:
        profiles:
            active: dev
```

添加 Config 信息配置。

```yaml
    spring:
        cloud:
            config:
                discovery:
                    enabled: true
                    service-id: config-server
                uri: http://localhost:8082
                name: config
                profile: dev
                label: master
```

再在 IDEA 中配置不同的环境关系，环境参数配置如图 6-2 所示。

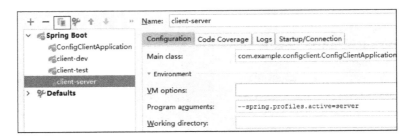

图 6-2 IDEA 环境参数配置

最后选择对应的环境进行启动，启动界面 Run Dashboard 如图 6-3 所示。

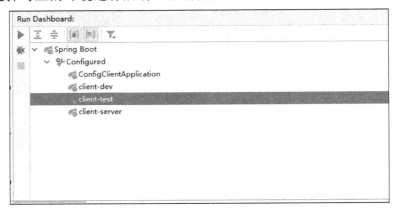

图 6-3 Run Dashboard 界面

启动类添加注解@EnableDiscoveryClient，代码如下。

```
@SpringBootApplication
@EnableDiscoveryClient
public class ConfigClient3Application {
    public static void main(String[] args) {
        SpringApplication.run(ConfigClient3Application.class, args);
    }
}
```

6.2.3 动态配置刷新

配置中心动态刷新主要是通过注解@ConfigurationProperties 和@RefreshScope实现的。

@ConfigurationProperties 注解主要是通过 ConfigurationPropertiesRebinder 和 LoggingRebinder 监听 EnvironmentChangeEvent 事件来实现刷新的；@RefreshScope 注解是销毁所有配置了@RefreshScope 注解的 Bean，然后发布 RefreshScopeRefreshedEvent 事件，代码如下。

```
super.destroy();
this.context.publishEvent(new RefreshScopeRefreshedEvent());
```

6.3　本章小结

Spring Cloud Config 主要用来支持应用外部配置，如数据库配置、应用环境、请求参数等，这些数据最好不要和业务逻辑混合在一起。

## 第 7 章

第三方配置中心

　　Apollo 是携程研发的开源分布式配置中心，它能够集中管理应用在不同环境和不同集群中的配置，配置修改后能够实时推送到应用端，并且具备规范的权限、流程治理等特性，适用于微服务配置管理场景。Apollo 目前在国内有很多公司接入，其中不乏一些大公司。

7.1　Apollo 简介

7.1.1　Apollo 的结构

　　Apollo 的结构由应用、环境、集群、命名空间和权限控制 5 个部分组成。

　　（1）应用（Application）。Apollo 客户端在运行时需要知道应用的标识，从而可以根据这个标识去配置中心获取对应的配置，应用标识用 AppID 指定，指定 AppID 的方式有很多种，也可以直接在配置文件 application.yml 中设定。

　　（2）环境（Environment）。在开发项目时一般会配置本地、开发、测试、预发布、生产等环境，不同的环境除了配置文件不一样，其他的都一样（一般在本地开发，通过 SVN、Git 等仓库同步到其他环境）。

```
server:
  properties:
      env: test
```

　　Apollo 客户端在运行时需要知道：项目当前的身份标识 AppID；项目对应的环境 Env，从而可以根据环境去配置中心获取对应的配置，也可以通过 Java 的系统变量来指定项目当前环境。

```
-Denv=server
```

　　通过配置文件指定环境，Windows 配置文件路径如下。

```
C:\opt\settings\server.properties
```
Linux 和 Mac 系统文件位置如下。
```
/opt/settings/server.properties
```
（3）命名空间（Namespace）。命名空间可以用来对配置做分类，不同类型的配置存放在不同的命名空间中，如数据库配置文件、消息队列配置、业务相关的配置等。命名空间还有一个公共的特性，那就是让多个项目共用同一份配置，如 Redis 集群配置。

（4）权限控制（Authority）。通过权限控制可以防止配置误操作。开发人员只能分配测试环境的修改权限和发布权限，只有负责人才有配置和部署服务到正式环境的权限。

Apollo 发布流程如图 7-1 所示。

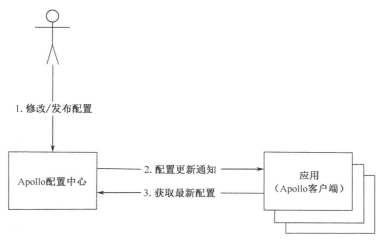

图 7-1　Apollo 发布流程

流程是用户修改或发布配置到 Apollo 配置中心，然后配置中心向应用（Apollo客户端就是部署的服务应用）发送配置更新的通知，应用收到更新通知之后向配置中心拉取最新配置去更新本地的值。所以 Apollo 在功能上主要包括以下 3 个部分。

（1）发布：用户发布配置。

（2）推送通知：客户端和配置中心保持了一个长连接（通过 Http Long Polling 来实现这个过程）的通道，配置中心更新状态之后向客户端下发通知，这个方式的特点是能实时让客户端获取最新的配置，但有可能推送的消息过于频繁，超过客户端的处理能力，导致消息积压而不能及时处理。

（3）定时拉取：客户端定时从配置中心拉取（Pull）最新配置，同时把这份配置在本地系统缓存一份，在遇到特殊情况时（如网络不可用），客户端就从本地缓存中获取配置，客户端默认的定时拉取时间是 5min。

7.1.2　Apollo 配置环境

Apollo 目前的代码都开源到了 GitHub 上，开发者可以将其拉取到本地，并随时关注代码的更新，如图 7-2 所示。

图 7-2　Apollo 开源代码

在配置 Apollo 之前，需要确保本地配置有 Java 和 MySQL 环境，Apollo 服务端需要运行在 Java1.8 及以上版本上，客户端则是 1.7 及以上版本，MySQL 需要 5.6.5 及以上版本。

可以直接下载 Apollo 的 ZIP 包到本地，如图 7-3 所示。

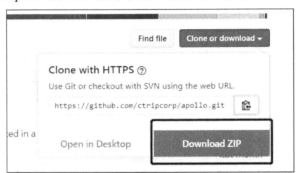

图 7-3　下载 Apollo 的 ZIP 包到本地

也可以将 Git 文件拉取到本地，这样可以获取到 Apollo 日常的代码变更。

顺便介绍一下 GitHub Desktop 这一 Git 可视化工具的使用方式。因为它对 GitHub 的适配性很好，而且界面简洁，所以笔者一般把它当成 GitHub 仓库管理的首选工具。

官方提供了 Windows 版本和 MacOS 版本，在官方首页可以看到 GitHub 的风格是深蓝色的。然后填写项目名称、描述、本地仓库地址，以及是否创建一个说明文档（README 文件）、git ignore 和证书。选择 GitHub 上的仓库，如图 7-4 所示。

图 7-4　选择 GitHub 上的仓库

这里选择 GitHub 的企业级仓库，一般是公司或部门团队的公共账号，如图 7-5 所示。

图 7-5　GitHub 企业账号

除了企业级仓库，还可以拉取普通 Git 仓库，如图 7-6 所示。

图 7-6　拉取普通 Git 项目

可以在 GitHub 上直接获取仓库地址，如图 7-7 所示。

还可以在 Gitee 仓库上获取 HTTPS 仓库地址，如图 7-8 所示。

图 7-7　GitHub 仓库地址　　　　　　　图 7-8　拉取 Gitee 项目

GitHub Desktop 客户端还集成了 Sublime Text，如图 7-9 所示。

通过 File→Options 选项可以对个人和企业 Git 账号进行客户端配置，如图 7-10 所示。

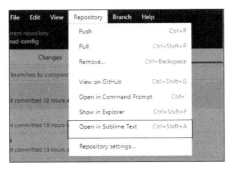

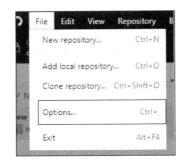

图 7-9　Sublime Text　　　　　　　　　图 7-10　客户端配置

登录个人或企业账号，如图 7-11 所示。

目前只提供了两款主题，客户端主题设置如图 7-12 所示。

图 7-11　登录个人或企业账号　　　　　　图 7-12　客户端主题设置

一些 Apollo 高级配置项如图 7-13 所示。

图 7-13 Apollo 高级配置

扩展编辑器可以选择 Sublime Text 编辑器或 Typora 编辑器，其中 Typora 编辑器界面简洁但功能强大，深受广大开发者喜爱。这两款都是简洁而强大的编辑器，在编辑文档时可以使用，如图 7-14 所示。

此外，还提供了 Shell 窗口类型选择，可以根据自己的使用习惯选择对应的窗口类型，如图 7-15 所示。

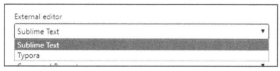

图 7-14 扩展编辑器选择　　　　　　　　　图 7-15 Shell 窗口类型选择

除以上功能之外，还有分支管理、创建分支、合并分支等功能。

7.1.3 Apollo 数据库配置

将 Apollo 拉取到本地，用编辑器打开，可以看到 Apollo 项目目录，如图 7-16 所示。

可以看到启动脚本 demo.sh，启动命令为 ./demo start。启动之后还需要配置数据库信息，配置信息主要有以下几种。

（1）网络形式。这里有多种选择，包括 MySQL、SQL Server、Postgre SQL 等，如图 7-17 所示。

可以看到在数据库类型的后面，还用括号注明了当前的通信协议。例如，MariaDB 和 MySQL 提供了 3 种方式：TCP/IP 协议、管道协议和 SSH 安全隧道，微软的 SQL Server 支持了 5 种连接方式，可以根据自己的情况选择对应的方式。

（2）主机名或 IP 地址。下面有一个 Prompt for credentials 的选项，表示用户输入凭据。

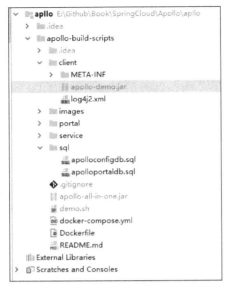

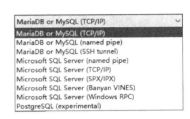

图 7-16　Apollo 项目目录　　　　　　　　图 7-17　网络形式

（3）用户名和密码。

（4）端口号。MySQL 默认端口号为 3306。

数据库基础信息配置如图 7-18 所示。

图 7-18　数据库基础信息配置

连接之后运行 SQL 文件，选择 Run SQL file，如图 7-19 所示。

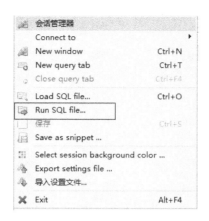

图 7-19 运行 SQL 文件

选择 Apollo 官方提供的数据库文件 apolloconfigdb.sql 和 apolloportaldb.sql，如图 7-20 所示。

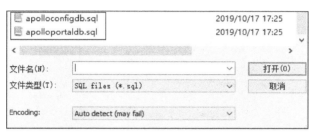

图 7-20 数据库文件选择

单击"打开"按钮，打开 SQL 文件之后，就可以看到 SQL 脚本运行的进度条，如图 7-21 所示。

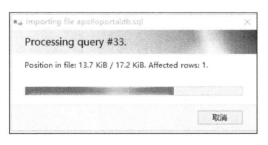

图 7-21 SQL 脚本运行

运行完成之后刷新数据库，就可以看到两个新增的数据库（apolloconfigdb 和 apolloportaldb）了，如图 7-22 所示。

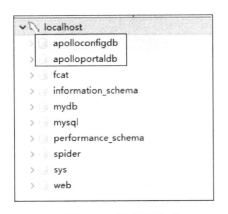

图 7-22　数据库生成 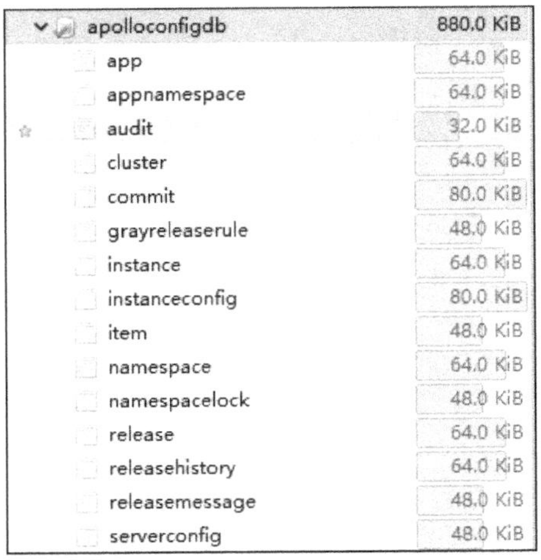　　　　　　图 7-23　Apollo 配置表

双击 apolloconfigdb，查看 Apollo 配置表，如图 7-23 所示。

查看 Apollo 后台数据表，如图 7-24 所示。

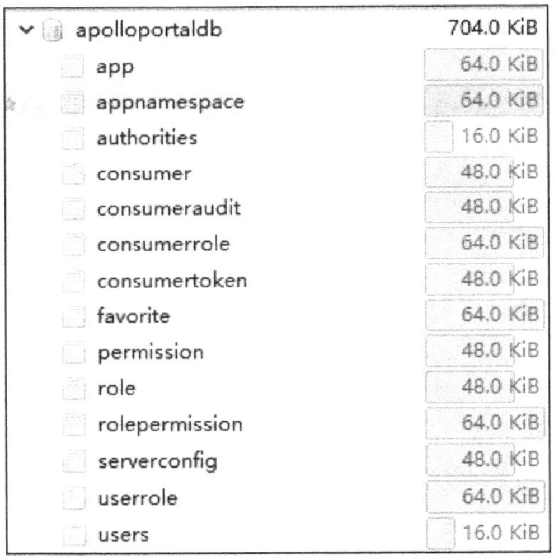

图 7-24　后台数据表

Apollo 服务端一共需要两个数据库：apolloportaldb 和 apolloconfigdb。

数据库、表的创建和样例数据的 SQL 文件都在快速启动安装包的 sql 目录中，只需要导入数据库即可。

在 demo.sh 中配置数据库连接信息，修改为自己部署的数据库地址，如图 7-25 所示。

```
# apollo config db info
apollo_config_db_url=jdbc:mysql://localhost:3306/ApolloConfigDB?characterEncoding=utf8
apollo_config_db_username=root
apollo_config_db_password=123456

# apollo portal db info
apollo_portal_db_url=jdbc:mysql://localhost:3306/ApolloPortalDB?characterEncoding=utf8
apollo_portal_db_username=root
apollo_portal_db_password=123456
```

图 7-25　数据库信息配置

查看默认启动端口，如果和当前服务器端口冲突，可以修改端口值，如图 7-26 所示。

```
# meta server url
config_server_url=http://localhost:8080
admin_server_url=http://localhost:8090
eureka_service_url=$config_server_url/eureka/
portal_url=http://localhost:8070
```

图 7-26　启动端口配置

7.1.4　Apollo 配置中心启动

启动 Apollo 配置中心可以执行以下脚本。

```
./demo.sh start
```

demo.sh 脚本会在本地启动 3 个服务，分别使用 8070、8080、8090 端口，要等 3 个服务启动完成之后才打开管理后台启动页面，在浏览器中输入地址"http://localhost:8070/"，会重定向到 http://localhost:8070/signin，可以看到登录页面，默认的账号是 apollo，密码是 admin。输入之后单击"登录"按钮即可跳转到首页，如图 7-27 所示。

图 7-27　Apollo 登录

可以看到默认创建了一个名称为 SampleApp 的应用，如图 7-28 所示。

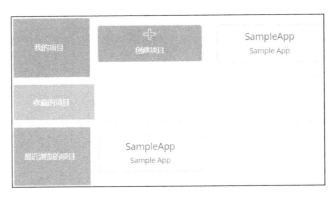

图 7-28　SampleApp

打开数据库 apolloportaldb 可以看到 app 表已经默认有一条记录，如图 7-29 所示。

图 7-29　Apollo 应用表

配置应用 AppId 和应用名等项目信息，如图 7-30 所示。

图 7-30　Apollo 项目信息配置

看到发布状态的配置值，如图 7-31 所示。

图 7-31　Apollo 配置值

在"项目信息"页面单击"编辑"按钮，编辑配置信息，如图 7-32 所示。

图 7-32　编辑配置信息

进入编辑页面，可以看到管理员添加选项和基本信息，这里基本信息的 AppId 是不能修改的，因此在创建时要确定好名称，若修改只能先将原来的配置备份，新建一个项目把备份配置迁移过去，然后删掉旧的项目（如果项目中配置了 AppId，也要同步改成新的 AppId），如图 7-33 所示。

图 7-33　Apollo 管理员配置

还可以根据关键字搜索项目名，如图 7-34 所示。

图 7-34　Apollo 搜索项目名

可以修改项目基本信息，如图 7-35 所示。

图 7-35　修改项目信息

新增一个配置应用，输入部门、应用 Id、应用名称和应用负责人等主要信息，如图 7-36 所示。

图 7-36　新增配置应用

单击"提交"按钮，然后打开数据库表 apolloportaldb.app，如图 7-37 所示。

图 7-37　Apollo 配置表新增数据

可以看到新增了一条数据。应用信息配置如图 7-38 所示。

图 7-38　应用信息配置

新增数据成功之后，还是"未发布"状态，如图 7-39 所示。

图 7-39 Apollo 配置项未发布

单击右上角的"发布"按钮，如图 7-40 所示。

图 7-40 Apollo 发布按钮

查看发布配置信息，如图 7-41 所示。

图 7-41 Apollo 配置信息

从图 7-41 中可以看到，Release Name 记录了当前发布的版本号，还可以查看更改历史，如图 7-42 所示。

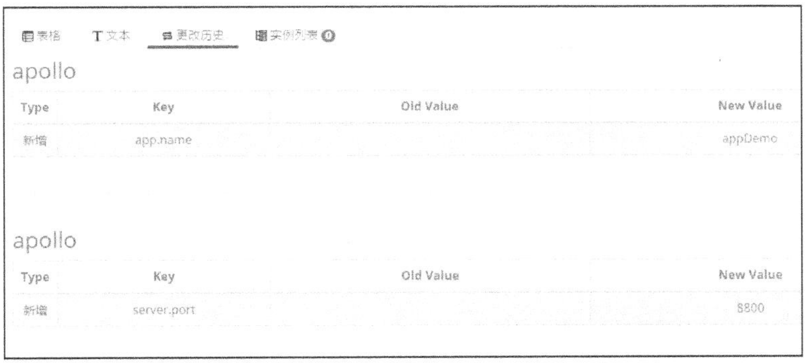

图 7-42 查看更改历史

7.2 Apollo 配置中心

7.2.1 Apollo 创建配置

首先需要创建一个项目，每个项目都具有唯一的标识符，远程应用也是通过唯一标识符来获取对应项目下配置的值，如图 7-43 所示。

图 7-43 Apollo 创建项目

然后填写配置信息，包括部门、应用 Id、应用名称、应用负责人和项目管理员等，如图 7-44 所示。

图 7-44 Apollo 配置信息

这里应用 Id 是唯一的，最好是根据一定的规则定义，用下画线或横线来区分，避免应用 Id 意思不明或重复，部门和应用负责人可以做权限配置。

7.2.2 Apollo 新增配置

在主页右上角单击 "新增配置" 按钮，如图 7-45 所示。

图 7-45　新增配置

单击"提交"按钮之后，按照同样的方法，新增需要动态管理的 application.properties 中的属性。提交后，跳转到配置的管理界面，如图 7-46 所示。

图 7-46　配置管理界面

7.2.3　Apollo 发布配置

发布流程主要有以下几步。

（1）配置只有在发布后才会真的被应用使用到，所以在编辑完配置后，需要发布配置。

（2）填写发布相关参数信息。

（3）单击右下角的"发布"按钮进行发布。

发布配置界面如图 7-47 所示。

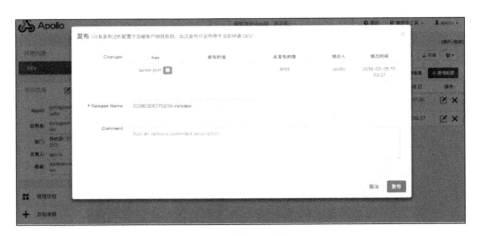

图 7-47　发布配置界面

7.2.4　Apollo 启动

创建一个 LogController 类，然后实现一个 log 方法，打印出不同日志级别的方法。

```
@RestController
public class LogController {
    private static Logger logger = LoggerFactory.getLogger( HelloController.class );
    @Value( "${server.port}" )
    String port;
    @GetMapping("hi")
    public String log(String name) {
        logger.debug( "debug log..." );
        logger.info( "info log..." );
        logger.warn( "warn log..." );
        return "hi " + name + " ,i am from port:" + port;
    }
}
```

配置启动类，增加@EnableApolloConfig 注解，代码如下。

```
@SpringBootApplication
@EnableApolloConfig
public class SpringbootApolloApplication {
    public static void main(String[] args) {
        SpringApplication.run( SpringbootApolloApplication.class, args );
    }
}
```

启动项目后需要去配置中心做一些关于 Spring Boot 客户端的配置。

7.3　Apollo 集群

7.3.1　集群配置

查看集群配置信息，如图 7-48 所示。

图 7-48　Apollo 集群配置信息

这里集群的名称要和当前机器（服务器）上 server.properties 中配置的 idc 属性的集群名称一致。

（1）Linux 配置路径为：/opt/settings/server.properties(linux)。

（2）Windows 配置路径为：C:\opt\settings\server.properties(windows)。

例如，在 Windows 环境下配置 server.properties，如图 7-49 所示。

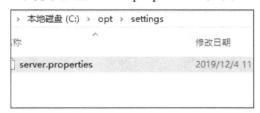

图 7-49　在 Windans 环境下配置 server.properties

配置 idc=GZDCenter，表示广州数据中心，如图 7-50 所示。

图 7-50　配置 idc

7.3.2 管理员工具

管理员工具主要包含以下几个组件。

（1）用户管理。

（2）开放平台授权管理。

（3）系统参数。

（4）删除应用、集群和 AppNamespace。

（5）系统信息。

管理员工具如图 7-51 所示。

图 7-51 管理员工具

用户管理如图 7-52 所示。

图 7-52 用户管理

创建第三方应用，需要填写第三方应用 ID、部门、第三方应用名称和项目负责人，如图 7-53 所示。

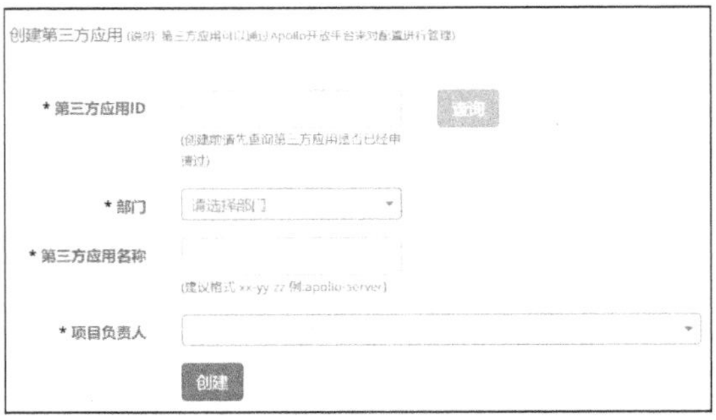

图 7-53 创建第三方应用

具体配置信息如图 7-54 所示。

图 7-54 Apollo 配置信息

首页除了展示当前登录用户管理的所有项目列表，还有收藏、搜索等功能。应用配置查询如图 7-55 所示。

图 7-55 应用配置查询

在删除应用时，需要指定应用 AppId，如图 7-56 所示。

图 7-56 删除应用

在删除集群时，需要指定应用 AppId、环境名称和集群名称，如图 7-57 所示。

删除集群（由于删除集群影响面较大，所以现在暂时只允许系统管理员删除，请确保没有客户端读取该集群的配置后再做删除动作）
* 应用AppId
* 环境名称
* 集群名称
查询
（删除前请先查询应用集群信息）
集群信息
删除集群

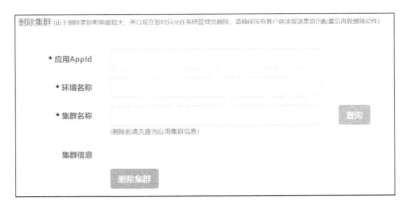

图 7-57　删除集群

在删除 AppNamespace 时，需要指定 AppNamespace 名称和 AppNamespace 信息，如图 7-58 所示。

删除AppNamespace
* 应用AppId
* AppNamespace名称
查询
AppNamespace信息
删除AppNamespace

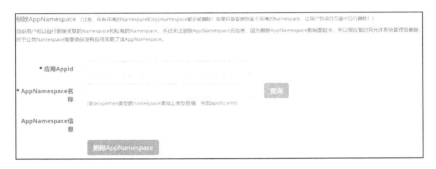

图 7-58　删除 AppNamespace

查看系统信息，如图 7-59 所示。

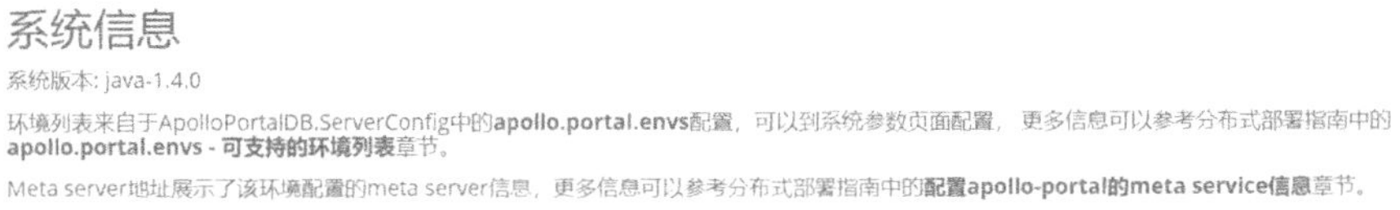

系统信息
系统版本: java-1.4.0
环境列表来自于ApolloPortalDB.ServerConfig中的apollo.portal.envs配置，可以到系统参数页面配置，更多信息可以参考分布式部署指南中的apollo.portal.envs - 可支持的环境列表章节。
Meta server地址展示了该环境配置的meta server信息，更多信息可以参考分布式部署指南中的配置apollo-portal的meta service信息章节。

图 7-59　查看系统信息

查看应用配置环境列表，如图 7-60 所示。

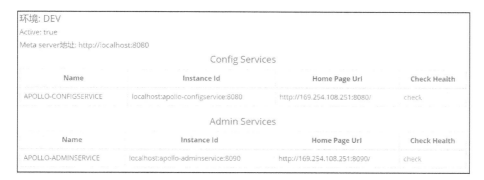

环境: DEV
Active: true
Meta server地址: http://localhost:8080
Config Services
Name
Instance Id
Home Page Url
Check Health
APOLLO-CONFIGSERVICE
localhost:apollo-configservice:8080
http://169.254.108.251:8080/
check
Admin Services
Name
Instance Id
Home Page Url
Check Health
APOLLO-ADMINSERVICE
localhost:apollo-adminservice:8090
http://169.254.108.251:8090/
check

图 7-60 查看应用配置环境列表

打开项目主页面，如图 7-61 所示。

环境列表
DEV
项目信息
AppId: SampleApp
应用名: Sample App
部门: 样例部门1(TEST1)
负责人: apollo
邮箱: apollo@acme.com
application
发布
回滚
发布历史
授权
灰度
表格
文本
更改历史
实例列表
过滤配置
同步配置
比较配置
新增配置
发布状态
Key
Value
备注
最后修改人
最后修改时间
操作
timeout
100
sample timeout配置
2019-01-18 15:02:21
server.port
8090
端口号
apollo
2019-11-19 15:04:31

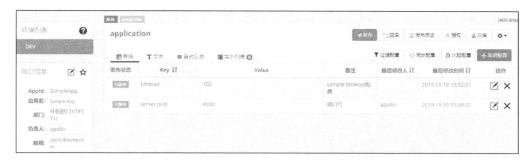

图 7-61 项目主页面

查看应用所有的配置列表，如图 7-62 所示。

当前操作环境:DEV，集群:default
application
发布
回滚
发布历史
授权
灰度
表格
文本
更改历史
实例列表
过滤配置
同步配置
比较配置
新增配置
发布状态
Key
Value
备注
最后修改人
最后修改时间
操作
timeout
100
sample timeout配置
2019-01-18 15:02:21
server.port
8090
端口号
apollo
2019-11-19 15:04:31

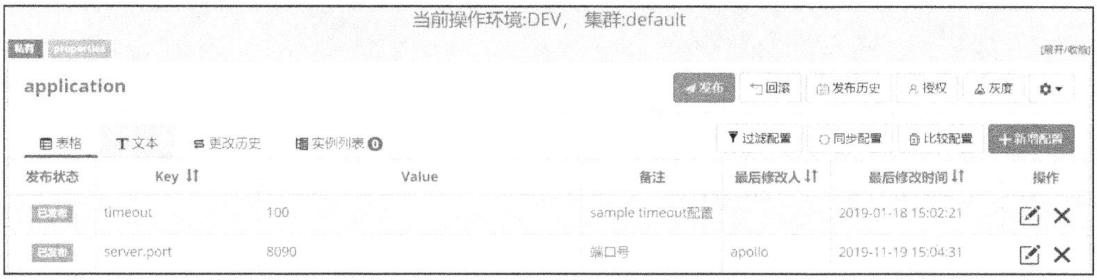

图 7-62 查看应用所有的配置列表

添加后不会马上生效，需要单击“发布”按钮确认发布的配置信息后，才会生效并同步到客户端，生效后的配置信息如图 7-63 所示。

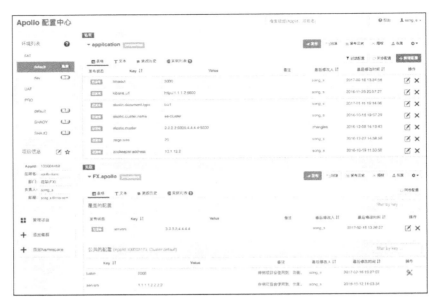

图 7-63　生效后的配置信息

提交修改的配置项，如图 7-64 所示。

图 7-64　修改配置项

项目信息配置如图 7-65 所示。

图 7-65　项目信息配置

设置权限管理如图 7-66 所示。

图 7-66 设置权限管理

Apollo 配置信息界面包括授权、灰度、过滤配置等，如图 7-67 所示。

图 7-67 Apollo 配置信息

配置 key-value 格式的文本，即如果要批量添加或修改 key-value 配置，可以通过文本的方式进行批量配置，如图 7-68 所示。

图 7-68 Apollo 文本配置方式

配置多时可以使用搜索功能，如图 7-69 所示。

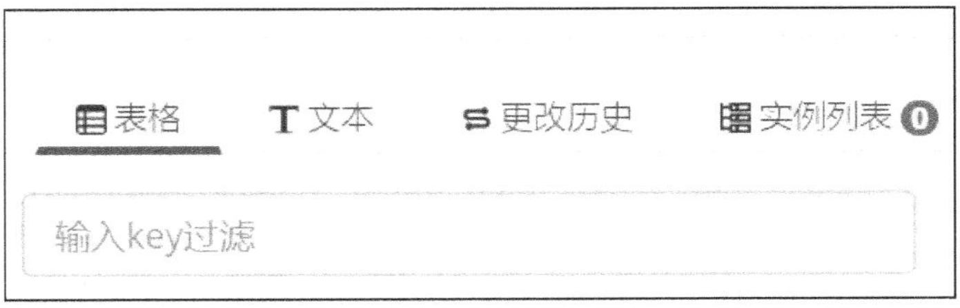
表格
T 文本
更改历史
实例列表 0
输入key过滤

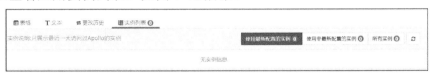

图 7-69 Apollo 配置信息搜索

可以查看历史更改信息，如图 7-70 所示。

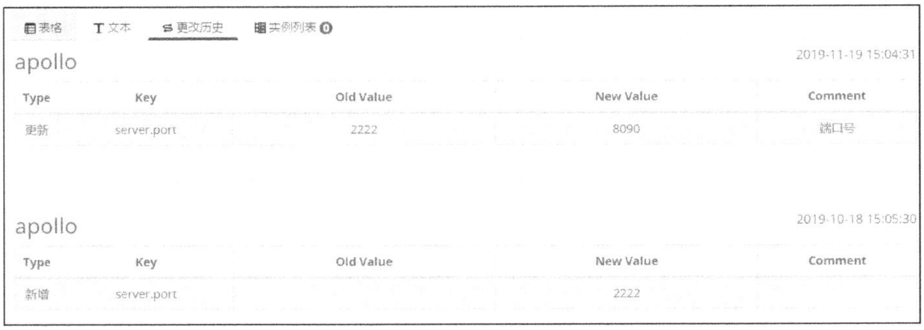
表格
T 文本
更改历史
实例列表 0
apollo
2019-11-19 15:04:31
Type
Key
Old Value
New Value
Comment
更新
server.port
2222
8090
端口号
apollo
2019-10-18 15:05:30
Type
Key
Old Value
New Value
Comment
新增
server.port
2222

图 7-70 查看历史更改信息

可以查看应用实例列表，如图 7-71 所示。

表格
T 文本
更改历史
实例列表 0
实例说明:只展示最近一天访问过Apollo的实例
使用最新配置的实例 0
使用非最新配置的实例 0
所有实例 0
无实例信息

图 7-71 查看应用实例列表

可以针对不同环境添加或修改应用权限，权限管理如图 7-72 所示。

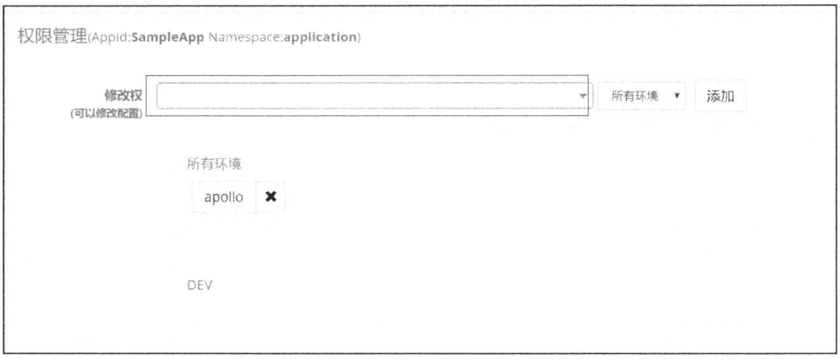
权限管理(Appid:SampleApp Namespace:application)
修改权
(可以修改配置)
所有环境
添加
所有环境
apollo
DEV

图 7-72 权限管理

可以根据不同环境增加或修改发布权配置，如图 7-73 所示。

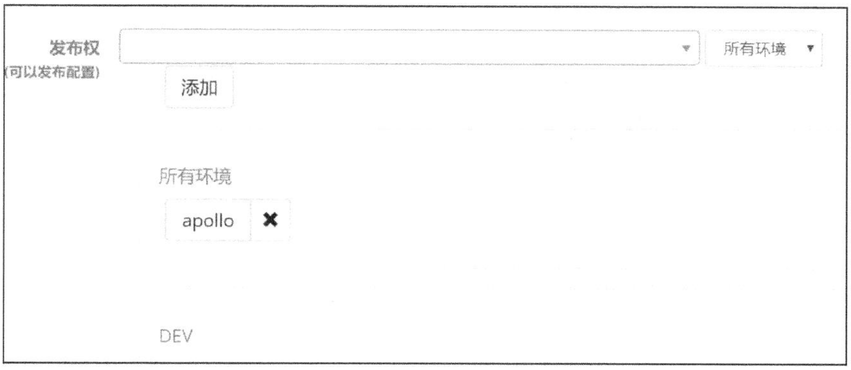

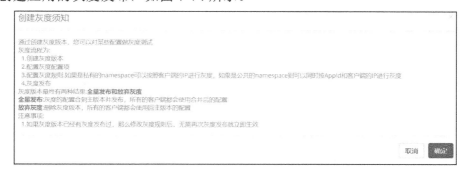

图 7-73 发布权配置

创建应用的灰度发布，如图 7-74 所示。

图 7-74 创建应用的灰度发布

单击"确定"按钮之后会生成一个灰度版本，如图 7-75 所示。

图 7-75 生成灰度版本

除了灰度发布功能，还有全量发布和放弃灰度功能，如图 7-76 所示。

图 7-76　灰度发布、全量发布、放弃灰度

7.3.3　Apollo 实例

（1）添加 Apollo 客户端 apollo-client 依赖。

```xml
<dependency>
    <groupId>com.ctrip.framework.apollo</groupId>
    <artifactId>apollo-client</artifactId>
    <version>1.3.0</version>
</dependency>
<dependency>
    <groupId>org.apache.commons</groupId>
    <artifactId>commons-lang3</artifactId>
    <version>3.8.1</version>
</dependency>
```

（2）修改文件配置，配置应用端口号为 8761。

```yaml
server:
    port: 8761
```

app.id：应用的身份信息是配置中心获取配置的一个重要信息，需要保证唯一性。

```yaml
app:
    id: springboot-apollo
```

apollo.bootstrap.enabled：在应用启动阶段，向 Spring 容器注入被托管的 application. properties 文件的配置信息。

apollo.bootstrap.eagerLoad.enabled：将 Apollo 配置加载提到初始化日志系统之前。

```yaml
apollo:
    meta: http://127.0.0.1:8080
    bootstrap:
        enabled: true
        eagerLoad:
            enabled: true
```

logging.level.com.gf.controller：调整 controller 包的 log 级别，为了后面演示在配

置中心动态配置日志级别。

```
logging:
    level:
        com:
            gf:
                controller: debu
```

7.4　Nacos 配置中心

Nacos 是属于阿里巴巴开源项目 Dubbo 框架中的一个注册中心的实现，Dubbo 中的一个子项目 dubbo-registry-nacos 就是 Dubbo 整合 Nacos 注册中心的实现。目前使用 Nacos 的公司也有不少，如虎牙、平安、爱奇艺、贝壳等知名互联网企业。

7.4.1　Nacos 的安装

Nacos 目前支持 64 位的 Linux / UNIX / Mac / Windows 操作系统，官方建议使用 Linux / UNIX / Mac 这 3 种，Java 需要 1.8 及以上版本，Maven 需要 3.2 及以上版本。需要从 GitHub 上拉取源码到本地，地址为 https://github.com/alibaba/nacos.git。
Nacos 目录如图 7-77 所示。

bin	2019/11/6 12:32	文件夹	
conf	2019/11/4 10:26	文件夹	
target	2019/11/6 12:32	文件夹	
LICENSE	2019/10/11 14:09	文件	17 KB
NOTICE	2019/10/11 14:09	文件	2 KB

图 7-77　Nacos 目录

进入 bin 目录，可以看到有两个 cmd 文件和两个 shell 脚本，分别是 Windows 和 Linux 的启动文件，如图 7-78 所示。

shutdown.cmd	2019/10/11 14:12	Windows 命令脚本	1 KB
shutdown.sh	2019/11/4 10:26	Shell Script	1 KB
startup.cmd	2019/11/4 10:26	Windows 命令脚本	3 KB
startup.sh	2019/11/6 12:30	Shell Script	5 KB

图 7-78　Nacos 文件

这里双击 startup.cmd 文件启动，输出效果如图 7-79 所示。

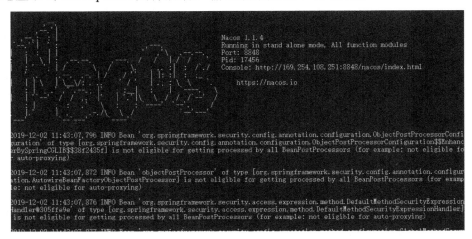

图 7-79　Nacos 启动输出效果

如果看到 8848 的端口，就表示启动成功了，如图 7-80 所示。

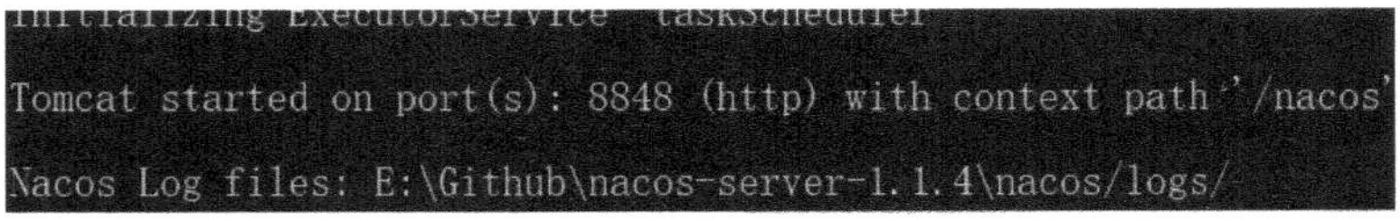

图 7-80　Nacos 启动成功提示

在浏览器中输入地址"http://localhost:8848/nacos"，页面会重定向到地址为 http://localhost:8848/nacos/#/login。

这时会看到 Nacos 的登录界面，如图 7-81 所示。

登录初始账号和密码都是 nacos，登录成功后进入首页，如图 7-82 所示。

图 7-81　Nacos 登录界面

图 7-82　Nacos 首页

页面左侧列表主要有配置管理、服务管理和集群管理，如图 7-83 所示。

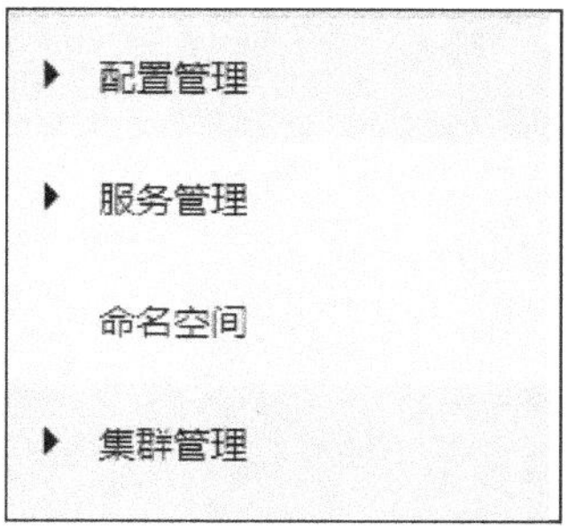

图 7-83   Nacos 左侧列表

7.4.2   项目结构

需要创建以下 3 个项目。

（1）Nacos 服务端 Nacos-server 服务端应用。

（2）Nacos 客户端 Nacos-client 客户端应用。

（3）Ribbon 客户端 Ribbon-client 客户端应用。

Nacos-server 作为服务端，为配置中心启动应用；Nacos-client 作为客户端，为客户端请求应用。

7.4.3   Nacos 服务端依赖

Nacos 服务端相关依赖，首先添加 Web 依赖 spring-boot-starter-web。

```
<dependency>
        <groupId>org.springframework.boot</groupId>
        <artifactId>spring-boot-starter-web</artifactId>
</dependency>
```

然后添加 Nacos 服务发现依赖 spring-cloud-starter-alibaba-nacos-discovery，代码如下。

```
<dependency>
        <groupId>com.alibaba.cloud</groupId>
        <artifactId>spring-cloud-starter-alibaba-nacos-discovery</artifactId>
</dependency>
```

Spring Cloud Common 中定义的那些与服务治理相关的接口将使用 Nacos 的实现，然后新增健康检查依赖 spring-boot-starter-actuator。

```
<dependency>
        <groupId>org.springframework.boot</groupId>
        <artifactId>spring-boot-starter-actuator</artifactId>
```

```
</dependency>
```

Nacos 基本文件配置如下。

```
server:
  port: 7000
spring:
  application:
    name: nacos-server
  cloud:
    nacos:
      discovery:
        server-addr: 127.0.0.1:8848
management:
  endpoints:
    web:
      exposure:
        include: '*'
```

Nacos 将配置和应用进行了分离，做了统一管理，解决了配置的动态变更、持久化、运维成本等问题。

应用自身既不需要添加管理配置接口，也不需要自己实现配置的持久化，更不需要引入"定时任务"以便降低运维成本。Nacos 提供的配置管理功能，将配置相关的所有逻辑都收拢，并提供简单易用的 SDK，让应用的配置可以非常方便地被 Nacos 管理起来。

添加 Nacos 服务端控制器逻辑处理。

```
@RestController
@RequestMapping("user")
public class UserController {
    @RequestMapping(value = "/g0etUserName")
    public String getUserName(@RequestParam String userName) {
        return "nacos-server 用户名称为： " + userName;
    }
}
```

7.4.4 Nacos 服务端

（1）新增 Nacos 服务端启动配置，代码如下。

```
@SpringBootApplication
@EnableDiscoveryClient
public class NacosServerApplication {
    public static void main(String[] args) {
```

```
                    SpringApplication.run(NacosServerApplication.class, args);
        }

    }
```

（2）新增 Nacos 客户端组件依赖，添加 Nacos-ribbon 依赖。

```
<dependency>
        <groupId>org.springframework.cloud</groupId>
        <artifactId>spring-cloud-starter-netflix-ribbon</artifactId>
</dependency>
```

添加 Feign 依赖 spring-cloud-starter-openfeign。

```
<dependency>
        <groupId>org.springframework.cloud</groupId>
        <artifactId>spring-cloud-starter-openfeign</artifactId>
</dependency>
```

添加 Web 依赖 spring-boot-starter-web。

```
<dependency>
        <groupId>org.springframework.boot</groupId>
        <artifactId>spring-boot-starter-web</artifactId>
</dependency>
```

添加 Nacos 发现依赖 spring-cloud-starter-alibaba-nacos-discovery。

```
<dependency>
        <groupId>com.alibaba.cloud</groupId>
        <artifactId>spring-cloud-starter-alibaba-nacos-discovery</artifactId>
</dependency>
```

添加服务监控依赖 spring-boot-starter-actuator。

```
<dependency>
        <groupId>org.springframework.boot</groupId>
        <artifactId>spring-boot-starter-actuator</artifactId>
</dependency>
```

（3）添加 Nacos 客户端文件配置，包括端口号 7100、应用名称 nacos-client、服务发现地址等，代码如下。

```
server:
  port: 7100
spring:
  application:
    name: nacos-client
  cloud:
    nacos:
      discovery:
        server-addr: 127.0.0.1:8848
```

```
main:
    allow-bean-definition-overriding: true
```

（4）添加 Nacos 客户端接口服务。

```
@FeignClient("nacos-server")
public interface UserDao {
    @RequestMapping(path = "user/getUserName")
    String getUserName(@RequestParam("userName") String userName);
}
```

添加 Nacos 客户端 Controller 业务逻辑。

```
@RestController
@RequestMapping("user")
public class UserController {
    @Resource
    private UserDao userDao;
    @RequestMapping(value = "getUserName")
    public String getUserName(@RequestParam String userName) {
        return "nicos-client 用户名称：" + userDao.getUserName(userName);
    }
}
```

Nacos Client 的启动类需要增加@EnableFeignClients 注解，用来标记这个是 Feign 客户端，代码如下。

```
@SpringBootApplication
@EnableFeignClients
public class NicosClientApplication {
    public static void main(String[] args) {
        SpringApplication.run(NicosClientApplication.class, args);
    }
}
```

打开服务列表，可以看到新增了 3 个服务，如图 7-84 所示。

服务名	分组名称
ribbon-client	DEFAULT_GROUP
nacos-server	DEFAULT_GROUP
nacos-client	DEFAULT_GROUP

图 7-84　Nacos 服务列表的 3 个新增服务

Nacos 实例主要包括客户端和服务端的交互。

7.4.5 Nacos 配置管理

配置管理 Data ID 和 Group 模糊查询如图 7-85 所示。

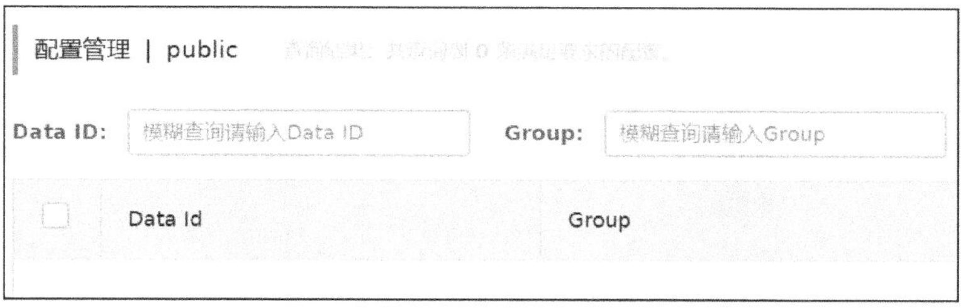

图 7-85 Data ID 和 Group 模糊查询

查看应用服务列表，可以按照服务名称和分组名称进行搜索，如图 7-86 所示。

图 7-86 查看应用服务列表

新建 Nacos 命名空间，包括命名空间名称和命名空间 ID，如图 7-87 所示。

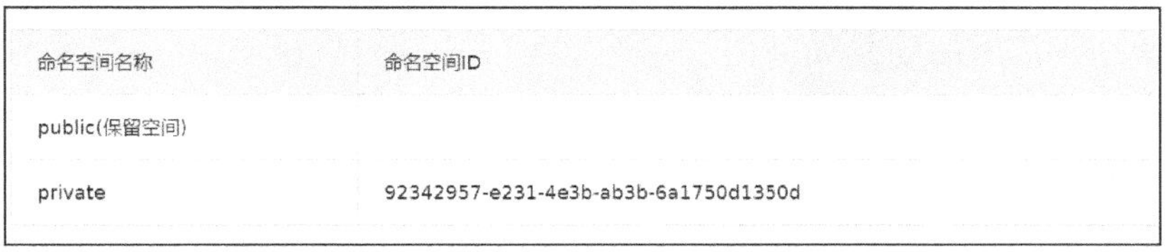

图 7-87 Nacos 命名空间

查看 Nacos 集群管理下的节点列表，包括节点 Ip 和节点状态，节点多时可以根据节点 Ip 进行查询，如图 7-88 所示。

图 7-88　Nacos 集群管理下的节点列表

7.5　ZooKeeper 配置中心

7.5.1　ZooKeeper 简介

ZooKeeper 诞生于 Yahoo，后转入 Apache 孵化，最终孵化成 Apache 的顶级项目，是 Hadoop 和 Hbase 的重要组件。ZooKeeper 是一种集中式服务，用于维护配置信息、命名、提供分布式同步和提供组服务。所有这些类型的服务都以分布式应用程序的某种形式使用。实现上述需求需要做很多工作来修复不可避免的错误和竞争条件，因此这些服务的实现变得非常困难，即使这些服务顺利完成，管理和运维的成本也非常高。ZooKeeper 以"救世主"的身份出现，解决了上述技术难题，降低了分布式应用程序的开发难度和工作量，让程序员专注于分布式架构的设计。

7.5.2　使用场景

ZooKeeper 常用的场景如下。

（1）分布式锁（可重入锁）。

（2）配置中心：可以作为数据的发布和订阅，配置动态数据等。

（3）队列管理：适合那些不需要实时处理，并且可以批量处理消息的情况，如餐厅排队系统等。

（4）集群管理和主节点选举：当集群中的某个节点出现故障了，可以通过规则在剩余的服务器中选择一个健康的节点作为新的领导者节点。

（5）负载均衡：通过负载均衡算法，使客户端和服务端之间保持正常会话，并时刻保持健康检查。

7.5.3 节点监控

使用 ZooKeeper 实现节点监控，有以下特点和机制。

（1）集群环境下存在多个节点，节点可能因为网络故障或机器故障连接不上，为保证集群中的节点都能正常工作，就需要把异常的节点从集群中屏蔽。

（2）使用 ZooKeeper 短暂节点。

（3）Watcher 机制。

7.5.4 ZooKeeper 领导者选举

领导者选举是 ZooKeeper 很强大的一个功能，所谓领导者选举，是指在 ZooKeeper 节点中选取一个最强的节点作为主节点，因为一个集群包含多个 ZooKeeper 节点（可以把节点理解为机器），需要一个统领全局的领导者节点来接收外部客户端请求和派发任务等，就像在日常生活中经常会遇到投票选举的行为，如大学里选学生会干部。

当一个节点出现故障了应该怎样处理呢？就像学生会主席生病了无法主持工作一样，这时就需要选一个新的代理主席来主持工作，ZooKeeper 也有这样一套故障机制。

如果当前领导者节点出现故障，ZooKeeper 可以在很短的时间内选举出新的领导者来接替故障领导者的工作。

选举投票信息包含如下两个基本信息。

（1）sid：用于集群中服务器的唯一 ID。

（2）zxid：事务 ID，由 64 位数字组成，ZooKeeper 状态每改变一次（节点的创建，更新或删除），zxid 就会递增一次，这个值作为某个节点是否被选为 Leader 的判断依据，一般选择 zxid 最大、初始化状态值为 0 的 Leader 节点。

Leader 产生的基本流程如下。

（1）每个 Server 先投自己，服务器通过[sid，zxid]来标识一次投票信息。

（2）将自己的投票以[sid，zxid]形式发送给其他服务器，这样每个 Server 除了自带的一票，还有集群中其他 Server 的投票信息。

（3）自己跟其他服务器的投票信息做对比，然后每个服务器再次选出一个 Leader。

这里模拟领导选举流程，假如当前有 6 台服务器组成 ZooKeeper 集群，分别为：服务器 A[sid=1，zxid=3]、服务器 B[sid=2，zxid=3]、服务器 C[sid=3，zxid=5]、服务 D[sid=4，zxid=4]、服务器 E[sid=5，zxid=4]和服务器 F[sid=6，zxid=7]。

如果原来的 Leader 节点所在的服务器 F 宕机了，导致 Leader 节点服务请求无响应，那么服务器 A~E 会进入投票选举程序。

首次选举：因为暂时没有获取其他服务器信息，每台服务器会先给自己投票。服务器集群通过 sid 和 zxid 发出第一轮投票，此时 sid 等于服务器当前 sid。服务器 A~E 把自己的投票字段发出，如 A 发出[1，3]，B 发出[2，3]，以此类推，每台服务器发出投票同时也会接收到其他服务器的投票。

第二轮投票：每台服务器收到其他服务器发过来的投票标记后，会先对 zxid 字段进行比较，这时 C 的 zxid 值（zxid=5）是最大的，因此它的投票标记不发生变更，其他服务器比 5 小，就会变更为[3，5]。

统计阶段：经过两轮投票后，集群服务器开始相互投票，然后统计投票。这时服务器 C 收到了 5 票，成为新的 Leader 节点，选举流程结束。

在分布式应用下，需要到每台机器上修改配置。

ZooKeeper 有以下几种节点类型。

（1）临时节点：ZooKeeper 临时创建的节点，节点在客户端和服务端断开连接后会自动删除，开发者可以手动删除节点。

（2）临时顺序节点：具有临时节点特征，但是它会有序列号，分布式锁中会用到该类型节点。

（3）持久节点：节点创建后，如果不是被开发者手动删除，这个节点就会一直存在。

（4）持久顺序节点：该节点创建后持久存在，相对于持久节点，它会在节点名称后面自动增加一个 10 位数字的序列号，这个计数对于此节点的父节点是唯一的，如果这个序列号大于 2^{31} 就会溢出。

7.5.5 Watcher 机制

ZooKeeper 的 Watcher 机制（观察者模式）主要用来实现数据的发布/订阅功能，当多个订阅者监听同一个主题时，这个功能可以实现在主题对象发生变化（节点内容发生变更等）时会通知订阅者，就像人们平时订阅微信公众号，这个公众号发布了新的内容人们都会收到消息通知一样。

Watcher 机制由以下 3 个部分组成。

（1）ZooKeeper 服务端。

（2）ZooKeeper 客户端。

（3）客户端的 ZKWatchManager 对象。

Watcher 机制有以下特性。

（1）一次性触发器。

（2）发送到客户端。

（3）设置 Watch 数据内容。

7.5.6 ZooKeeper 部署

本节先搭建一个 ZooKeeper 的配置中心讲解其部署流程、功能和组成结构，打开 config.cfg，配置如下。

```
serverPort=9090
zkServer=localhost:2181,localhost:2181
scmRepo=http://myserver.com/@rev1=
scmRepoPath=//appconfig.txt
ldapAuth=false
ldapDomain=mycompany,mydomain
ldapUrl=ldap://<ldap_host>:<ldap_port>/dc=mycom,dc=com
ldapRoleSet={"users": [{ "username":"domain\\user1" , "role": "ADMIN" }]}
userSet = {"users": [{ "username":"admin" , "password":"manager","role": "ADMIN" },
{ "username":"appconfig" , "password":"appconfig","role": "USER" }]}
env=prod
jdbcClass=org.h2.Driver
jdbcUrl=jdbc:h2:zkui
jdbcUser=root
jdbcPwd=manager
loginMessage=Please login using admin/manager or appconfig/appconfig.
sessionTimeout=300
zkSessionTimeout=5
blockPwdOverRest=false
https=false
keystoreFile=/home/user/keystore.jks
keystorePwd=password
keystoreManagerPwd=password
defaultAcl=
X-Forwarded-For=false
```

在 IDEA Console 窗口输出编译信息，这里设置日志等级为 INFO，方便查看信息详情，zkui 包构建输出日志如图 7-89 所示。

构建完成后在 target 目录下看到生成了两个包。

```
zkui-2.0-SNAPSHOT.jar
zkui-2.0-SNAPSHOT-jar-with-dependencies.jar
```

在应用 target 目录中可以看到 zkui 启动包 zkui-2.0-SNAPSHOT-jar-with-dependencies.jar，如图 7-90 所示。

```
E:\Github\zkui>mvn clean install
[INFO] Scanning for projects...
[INFO]
[INFO] --------------------------< com.deem:zkui >--------------------------
[INFO] Building zkui 2.0-SNAPSHOT
[INFO] ------------------------------[ jar ]------------------------------
[INFO]
[INFO] --- maven-clean-plugin:2.5:clean (default-clean) @ zkui ---
[INFO]
[INFO] --- maven-resources-plugin:2.6:resources (default-resources) @ zkui ---
[INFO] Using 'UTF-8' encoding to copy filtered resources.
[INFO] Copying 29 resources
[INFO]
```

图 7-89 zkui 包构建输出日志

图 7-90 zkui 启动包

文件包的大小比前者要大得多，因为它添加了很多依赖，这个文件包也是要启动的，如图 7-91 所示。

archive-tmp	2019/12/3 9:58	文件夹	
classes	2019/12/3 9:57	文件夹	
generated-sources	2019/12/3 9:57	文件夹	
maven-archiver	2019/12/3 9:58	文件夹	
surefire-reports	2019/12/3 9:58	文件夹	
test-classes	2019/12/3 9:57	文件夹	
zkui-2.0-SNAPSHOT.jar	2019/12/3 9:58	Executable Jar File	271 KB
zkui-2.0-SNAPSHOT-jar-with-depend...	2019/12/3 9:58	Executable Jar File	8,142 KB

图 7-91 zkui 文件包

把配置文件复制到 target 目录下，如图 7-92 所示。

在项目中选中 zkui 依赖包并右击运行，如图 7-93 所示。

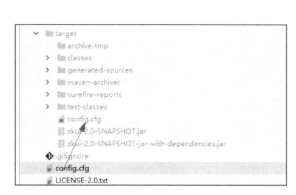

图 7-92 zkui 配置文件　　　　　　　　图 7-93 启动 zkui 依赖包

在控制台查看输出的日志信息，如图 7-94 所示。

图 7-94 zkui 启动输出日志

7.5.7 zkui 登录页面

登录 zkui 页面需要填写用户名和密码，用户名默认是 admin，密码默认是 manager，如图 7-95 所示。

图 7-95 zkui 登录页面

一般需要修改登录名和密码，userSet 存储用户信息，userSet 字段是一个数组，可以在数组中新增用户。

主页面顶部是功能导航，主要有添加节点和属性、导入导出节点、搜索节点等功能，如图 7-96 所示。

Hosts
Add Node
Add Property
Delete
Import
Export
Search
History
Monitor

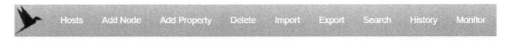

图 7-96 zkui 导航页

zkui 主页就是每个节点下包含的键值对，配置列表如图 7-97 所示。

Name
Value
consumers
controller_epoch
3
isr_change_notification
latest_producer_id_block
{"version":1,"broker":1,"block_start":"2000","block_end":"2999"}
log_dir_event_notification

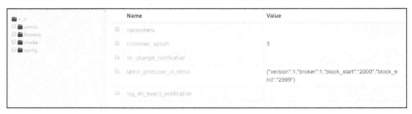

图 7-97 zkui 主页配置列表

主页面左边是节点列表，可以看到一共新建了 admin、brokers、cluster、config 4 个节点，其中的<..>是返回上一级目录，如图 7-98 所示。

<..>
admin
brokers
cluster
config

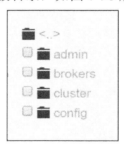

图 7-98 ZooKeeper 配置节点

主页面右边是节点的键值对，Value 有多种格式，包括空值、整型、JSON 等类型，如图 7-99 所示。

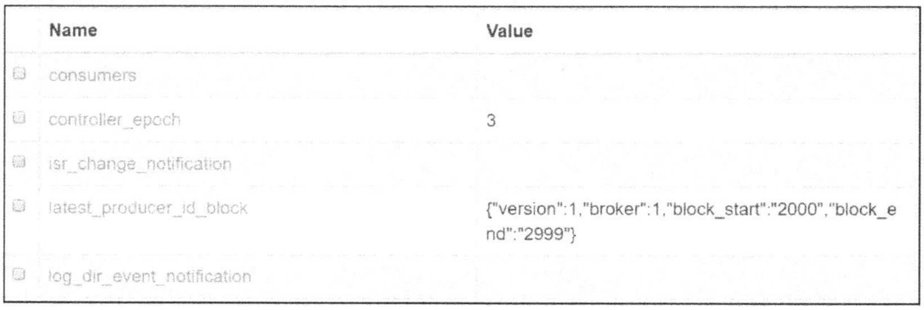

Name
Value
consumers
controller_epoch
3
isr_change_notification
latest_producer_id_block
{"version":1,"broker":1,"block_start":"2000","block_end":"2999"}
log_dir_event_notification

图 7-99 ZooKeeper 键值对

　　客户端注册监听指定的目录节点，当目录节点发生变化（数据改变、被删除、子目录节点增加删除）时，ZooKeeper 会通知客户端和更新信息，如图 7-100 所示。

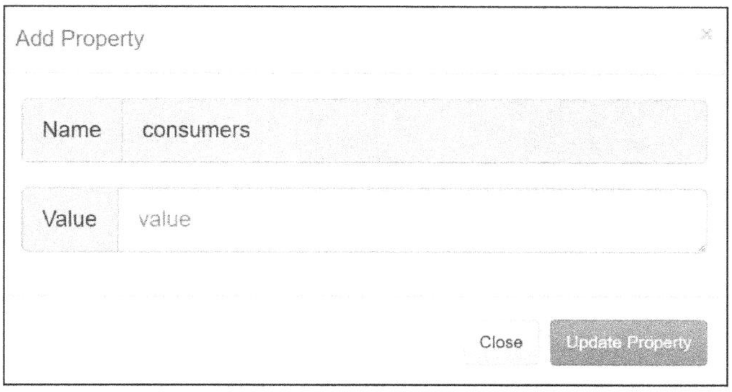

图 7-100　zkui 添加键值对节点

7.5.8　ZooKeeper 实例

（1）ZooKeeper 的依赖主要是配置依赖和发现服务依赖，以及加上一个热部署文件。

　　添加 ZooKeeper 配置 spring-cloud-starter-zookeeper-config，代码如下。

```
<dependency>
        <groupId>org.springframework.cloud</groupId>
        <artifactId>spring-cloud-starter-zookeeper-config</artifactId>
</dependency>
```

添加 ZooKeeper 发现配置 spring-cloud-starter-zookeeper-discovery，代码如下。

```
<dependency>
        <groupId>org.springframework.cloud</groupId>
        <artifactId>spring-cloud-starter-zookeeper-discovery</artifactId>
</dependency>
```

添加热部署工具，代码如下。

```
<dependency>
        <groupId>org.springframework.boot</groupId>
        <artifactId>spring-boot-devtools</artifactId>
</dependency>
```

（2）修改配置文件。配置应用名称 zk-web 和应用端口号 8050。

```
server:
    port: 8050
spring:
    application:
        name: zk-web
```

ZooKeeper 发现服务配置。

```
spring:
  cloud:
    zookeeper:
      discovery:
        instance-host: 127.0.0.1
        instance-port: ${server.port}
        enabled: true
        root: /config
```

（3）ZooKeeper 配置节点路径，代码如下。

```
spring:
  cloud:
    zookeeper:
      config:
        enabled: true
        root: /config
        watcher:
            enabled: true
```

（4）ZooKeeper 地址配置和开启 ZooKeeper 配置功能。

```
spring:
  cloud:
    zookeeper:
      connect-string: 127.0.0.1:2181
  enabled: true
```

完整配置如下。

```
server:
  port: 8050
spring:
  application:
      name: zk-web
  cloud:
    zookeeper:
      connect-string: 127.0.0.1:2181
      discovery:
        instance-host: 127.0.0.1
        instance-port: ${server.port}
        enabled: true
        root: /config
      enabled: true
      config:
```

```
            enabled: true
            root: /config
            watcher:
                  enabled: true
```

通过配置属性读取 ZooKeeper 上的节点，增加一个用户实体类 UserDTO。

```java
@Data
public class UserDTO {
    /**
     * 用户 uid
     * */
    private Long uid;
    /**
     * 用户名称
     * */
    private String userName;
    /**
     * 用户邮箱
     * */
    private String email;
    /**
     * 用户创建时间
     * */
    private Long createTime;
}
```

在 config 目录下新增配置节点 zk-web，如图 7-101 所示。

图 7-101　新增 ZooKeeper 配置节点

配置的节点需要加上项目名称，如果是配置不同环境，就在节点后加上一个逗号和环境，如图 7-102 所示。

图 7-102　zkui 不同环境配置

7.6　本章小结

本章介绍了三款目前比较流行的配置中心解决方案，分别为 Apollo、Nacos、ZooKeeper，它们都支持多环境参数配置和集群部署。Apollo 界面功能比较完善，可以指定 IP 进行灰度发布。Nacos 在 1.1.0 版本也开始支持灰度发布，并且在这个版本上加了很多模块，如服务订阅者列表、自定义实例心跳周期、Config 监听器优化等。ZooKeeper 单个节点数据内容不能超过 1MB，而且做灰度比较难，没有 Apollo 和 Nacos 集成灰度方便。开发者可以根据自己的需求选择适合的框架。

## 第 8 章

Zuul 网关

Zuul 是用于收集所有服务的监控数据的分布式跟踪系统，它提供了收集数据和查询数据两大接口服务。Zuul 可以直观地查看调用链，并且可以很方便地看出服务之间的调用关系及调用耗费的时间。

8.1 Zuul 基础实例

8.1.1 Zuul 的作用

Zuul 是 Netflix 公司开发的一种网关服务，它最核心的功能是过滤器，通过 Zuul 可以实现如下功能。

（1）动态路由：所谓动态，就是请求的地址不是一成不变的，可以根据后端逻辑的需要对请求地址进行修改，实现一个地址的转变。

（2）监控：可以通过监控请求信息进行流量统计和接口响应时间计算；对于项目安全也有帮助，可以分析请求信息是否带有恶意的脚本等。

（3）处理静态文件资源：如果业务中包含很多静态资源，如视频、图片、音频等处理起来耗时较大的媒介资源，对于整个项目的性能来说是不好的，因此可以在项目最外层将其进行处理。

（4）限流：通过限流的粒度对不同对象进行限制。针对细粒度，有以下不同的对象。

① user：认证用户或匿名，针对某个用户粒度进行限流。

② origin：客户机的 IP，针对请求客户机的 IP 进行限流。

③ url：特定 url，针对请求的 URL 粒度进行限流。

④ serviceId：特定服务，针对某个服务的 ID 粒度进行限流。

8.1.2　Zuul 依赖

添加 Zuul 的 Maven 依赖 spring-cloud-starter-netflix-zuul。

```
<dependency>
    <groupId>org.springframework.cloud</groupId>
    <artifactId>spring-cloud-starter-netflix-zuul</artifactId>
</dependency>
```

这个依赖是 Spring Cloud 官方封装了 Netflix 的 Zuul 组件，对于 1.4 以上的版本，要用 spring-cloud-starter-netflix-zuul 替代旧的 spring-cloud-starter-zuul。

8.1.3　Zuul 文件配置

这里的配置文件暂时不添加 Eureka-client 的依赖，放到下一节，先看看 Zuul 路由的用法，增加端口号为 8080（一般笔者本地测试的项目都用这个，如果发生冲突再改为其他端口）。

```
server:
    port: 8080
```

然后增加应用名称，设置为 zuul-web。

```
spring:
    application:
        name: zuul-web
```

再配置路由跳转，这里配置两个地址，new 转到网易新闻地址，shopping 转到唯品会地址。

```
zuul:
    routes:
        mynew:
            path: /new/**
            url: https://news.163.com/
        myshopping:
            path: /shopping/**
            url: https://www.vip.com/
```

8.1.4　启动类配置

（1）启动类增加注解@EnableZuulProxy，表示开启 Zuul 的代理功能。

```
@SpringBootApplication
@EnableZuulProxy
public class ZuulWeb1Application {
```

```
public static void main(String[] args) {
    SpringApplication.run(ZuulWeb1Application.class, args);
}
}
```

（2）配置好之后，启动项目，首先输入地址：http://localhost:8080/new/。

（3）可以看到页面跳转到了网易新闻的首页，然后再输入地址：http://localhost:8080/shopping/。

可以看到地址跳转到了唯品会首页，这个功能做页面导航是不错的，类似 hao123 的导航页面，如图 8-1 所示。

图 8-1　hao123 导航页面

8.2　Zuul 实例

本节将 Zuul 结合 Eureka 注册中心实现动态路由转发，即通过一个 Eureka 注册中心、一个 Zuul 端（也是 Eureka 客户端）进行说明。

8.2.1　创建 Eureka 注册中心

（1）首先创建一个 Eureka 注册中心，引入 Eureka-server 依赖 spring-cloud-starter-netflix-eureka-server。

```
<dependency>
    <groupId>org.springframework.cloud</groupId>
    <artifactId>spring-cloud-starter-netflix-eureka-server</artifactId>
</dependency>
```

（2）配置注册中心端口号为 8000，应用名称为 eureka-server。

```
server:
  port: 8000
spring:
```

```
application:
    name: eureka-server
```
（3）在启动类中增加注解@EnableEurekaServer。
```
@SpringBootApplication
@EnableEurekaServer
public class EurekaServer1Application {
    public static void main(String[] args) {
        SpringApplication.run(EurekaServer1Application.class, args);
    }
}
```

8.2.2　Eureka 客户端依赖

这里需要创建两个 Eureka 客户端（实际开发中会更多），分别为 eureka-client-web1 和 eureka-client-web2，这两个项目除了端口号不一样，其他完全一样，步骤如下。

（1）新增 Eureka 客户端依赖 spring-cloud-starter-netflix-eureka-client。
```
<dependency>
    <groupId>org.springframework.cloud</groupId>
    <artifactId>spring-cloud-starter-netflix-eureka-client</artifactId>
</dependency>
```
（2）配置文件增加 Eureka 注册中心地址 http://localhost:8000/eureka/。
```
eureka:
    client:
        serviceUrl:
defaultZone: http://localhost:8000/eureka/
```
（3）新建一个 Eureka 客户端项目，添加 Eureka 客户端依赖 spring-cloud-starter-netflix-eureka-client。
```
<dependency>
    <groupId>org.springframework.cloud</groupId>
    <artifactId>spring-cloud-starter-netflix-eureka-client</artifactId>
</dependency>
```

8.2.3　Eureka 客户端文件配置

（1）设置应用名称为 eureka-client-web，两个项目的应用名称一样。
```
spring:
    application:
        name: eureka-client-web
```

（2）设置应用端口，eureka-client-web1 设置端口号为 8090。

```
server:
    port: 8090
```

eureka-client-web2 设置端口号为 8091。

```
server:
    port: 8091
```

（3）增加注册中心地址为 http://localhost:8000/eureka/。

```
eureka:
    client:
        serviceUrl:
            defaultZone: http://localhost:8000/eureka/
```

（4）增加启动类注解@EnableEurekaClient。

```
@SpringBootApplication
@EnableEurekaClient
public class EurekaClientWebApplication {
    public static void main(String[] args) {
        SpringApplication.run(EurekaClientWebApplication.class, args);
    }
}
```

（5）增加一个 Controller 目录，添加一个 Controller 类，命名为 WebController，然后增加一个 restful 方法。

```
@RestController
@RequestMapping("web")
public class WebController {
    @RequestMapping("app")
    public String app() {
        return "这是 eureka-client-web1 应用";
    }
}
```

Eureka-client-web2 把返回值改一下。

```
@RestController
@RequestMapping("web")
public class WebController {
    @RequestMapping("app")
    public String app() {
        return "这是 eureka-client-web2 应用";
    }
}
```

启动项目，在注册中心可以看到 3 个启动中的 Spring Boot 应用，如图 8-2 所示。

Application	AMIs	Availability Zones	Status
EUREKA-CLIENT-WEB	n/a (2)	(2)	UP (2) - localhost:eureka-client-web:8090 , localhost:eureka-client-web:8091
ZUUL-WEB	n/a (1)	(1)	UP (1) - localhost:zuul-web:8080

图 8-2　服务列表

在浏览器中输入 Eureka 客户端接口地址：http://localhost:8080/eureka-client-web/web/app。

输出效果如图 8-3 所示。

图 8-3　client 请求响应

然后刷新一下页面，就可以发现返回值发生变化了，由"这是 eureka-client-web1 应用"变为"这是 eureka-client-web2 应用"，如图 8-4 所示。

图 8-4　网关动态路由跳转

8.3　Zuul 高级特性

8.3.1　路由前缀

在 API 前面配置一个统一的前缀，示例如下。

```
http://c.biancheng.net/user/login
```

这样登录接口，如果想将其变成以下地址。

```
http://c.biancheng.net/rest/user/login
```

就要在每个接口前面加一个 rest，可以通过 Zuul 中的配置来实现。

```
zuul.prefix=/rest
```

8.3.2　本地跳转

在 url 配置的值前面加上 forward 字段实现本地跳转。

```
zuul:
  routes:
    service1:
      path: /service1/**
      url: forward:/local
      serviceId: service-ribbon
```

访问 api/1 时会路由到本地的 local/1，代码如下。

```
@RestController
public class LocalController {
    @GetMapping("/local/{id}")
    public String local(@PathVariable String id) {
        return id;
    }
}
```

在浏览器中输入"http://localhost:8021/service1/web"就可以看到返回结果了。

8.3.3　过滤器实现种类

过滤器应用场景非常多，常见的应用场景如下。

（1）自动登录：用来筛选用户信息。例如，已经登录过的用户可以在 Session 上获取，也可以拦截恶意 IP 的请求。

（2）统一设置编码格式，可以解决中文乱码的问题。例如，通过以下配置文件编码格式。

```
spring.http.encoding.charset=UTF-8
spring.http.encoding.enabled=true
spring.http.encoding.force=true
```

（3）访问权限控制。

（4）敏感字符过滤等。

请求过滤有点类似于 Java 中的 Filter 过滤器，先将所有的请求拦截下来，然后根据现场情况做出不同的处理。

在 src 源目录下创建一个新目录，命名为 filter，这个目录可以专门存放命名后缀为 Filter 的过滤器类（类似 AOP 的格式），如图 8-5 所示。

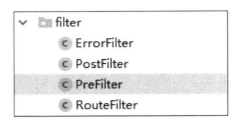

图 8-5　新建过滤器类

可以定制一种 static 类型的过滤器，直接在 Zuul 中生成响应，而不将请求转发到后端的微服务，具体如下。

（1）前置过滤器 PreFilter：在请求被路由之前调用，返回过滤器类型。

```java
@Override
    public String filterType() {
        return FilterConstants.PRE_TYPE;
    }
```

指定过滤器执行的顺序。

```java
@Override
        public int filterOrder() {
            return 0;
        }
```

指定该过滤器是否执行。

```java
@Override
    public boolean shouldFilter() {
        return true;
    }
```

过滤器的具体方法逻辑如下。

```java
@Override
        public Object run() {
            //获取上下文
            RequestContext ctx = RequestContext.getCurrentContext();
            //获取 Request
            httpServletRequest request = ctx.getRequest();
            //获取请求参数 Token
            String token = request.getParameter("token");
            //使用 String 工具类
            if (StringUtils.isBlank(token)) {
                //请求拦截
                ctx.setSendZuulResponse(false);
                ctx.setResponseStatusCode(401);
                try {
                    ctx.getResponse().getWriter().write("token is empty");
```

```
        } catch (Exception e) {
            e.printStackTrace();
        }
        return null;
    }
    return null;
}
```

（2）路由过滤器 RouteFilter：在路由请求时被调用，返回过滤器类型，实现代码如下。

```
@Override
public String filterType() {
    return FilterConstants.PRE_TYPE;
}
```

指定过滤器执行的顺序。

```
@Override
public int filterOrder() {
    return 1;
}
```

指定该过滤器是否执行，返回 true 表示执行，否则不执行。

```
@Override
public boolean shouldFilter() {
    return true;
}
```

过滤器的具体方法逻辑如下。

```
@Override
public Object run() {
    //获取上下文
    RequestContext ctx = RequestContext.getCurrentContext();
    //获取 Request
    httpServletRequest request = ctx.getRequest();
    //获取请求参数 Token
    String token = request.getParameter("token");
    //使用 String 工具类
    if (StringUtils.isBlank(token)) {
        //请求拦截
        ctx.setSendZuulResponse(false);
        ctx.setResponseStatusCode(401);
        try {
            ctx.getResponse().getWriter().write("token is empty");
        } catch (Exception e) {
            e.printStackTrace();
```

```
                    }
                return null;
            }
        return null;
    }
```

（3）后置过滤器 PostFilter：在 RouteFilter 过滤器和 ErrorFilter 过滤器之后被调用。后置过滤器将请求路由到达具体的服务之后执行，适用于需要添加响应头、记录响应日志等应用场景。

设置返回过滤器类型，代码如下。

```
@Override
    public String filterType() {
        return FilterConstants.PRE_TYPE;
    }
```

添加一个 filterOrder 方法指定过滤器执行的顺序。

```
@Override
    public int filterOrder() {
        return 2;
        }
```

增加 shouldFilter 方法指定该过滤器是否执行。

```
@Override
    public boolean shouldFilter() {
        return true;
    }
```

过滤器的具体方法逻辑如下。

```
@Override
    public Object run() {
                //获取上下文
                RequestContext ctx = RequestContext.getCurrentContext();
                //获取 Request
                httpServletRequest request = ctx.getRequest();
                //获取请求参数 Token
                String token = request.getParameter("token");
                //使用 String 工具类
                if (StringUtils.isBlank(token)) {
                    //请求拦截
                    ctx.setSendZuulResponse(false);
                    ctx.setResponseStatusCode(401);
                    try {
                        ctx.getResponse().getWriter().write("token is empty");
                    } catch (Exception e) {
```

```
                    e.printStackTrace();
                }
                return null;
            }
            return null;
        }
```

（4）错误过滤器 ErrorFilter：处理客户端请求发生错误时被调用。在执行过程中发送错误时会进入 ErrorFilter 过滤器，用来统一记录错误信息。

增加 filterType()方法返回过滤器类型 FilterConstants.PRE_TYPE。

```
@Override
    public String filterType() {
        return FilterConstants.PRE_TYPE;
    }
```

在 filterType 类型中，order 值越大，优先级越低，指定过滤器执行的顺序。

```
@Override
    public int filterOrder() {
        return 3;
    }
```

指定该过滤器是否执行。

```
@Override
    public boolean shouldFilter() {
        return true;
    }
```

使用 Zuul 过滤器 Token 校验逻辑，通过 RequestContext 获取上下文，然后获取 Request 中的 Token 参数进行校验。

```
@Override
    public Object run() {
        //获取上下文
        RequestContext ctx = RequestContext.getCurrentContext();
        //获取 Request
        httpServletRequest request = ctx.getRequest();
        //获取请求参数 Token
        String token = request.getParameter("token");
        //使用 String 工具类
        if (StringUtils.isBlank(token)) {
            //请求拦截
            ctx.setSendZuulResponse(false);
            ctx.setResponseStatusCode(401);
            try {
                ctx.getResponse().getWriter().write("token is empty");
```

```
        } catch (Exception e) {
            e.printStackTrace();
        }
        return null;
    }
    return null;
}
```

RequestContext 的 3 个核心方法如下。

（1）PreRoute()方法。

```
public void preRoute() throws ZuulException {
    FilterProcessor.getInstance().preRoute();
}
```

（2）Route()方法。

```
public void route() throws ZuulException {
    FilterProcessor.getInstance().route();
}
```

（3）PostRoute()方法。

```
public void postRoute() throws ZuulException {
    FilterProcessor.getInstance().postRoute();
}
```

Zuul 对 Request 处理逻辑都在以上 3 个方法中，ZuulServlet 交给 ZuulRunner 去执行。由于 ZuulServlet 是单例，因此 ZuulRunner 也仅有一个实例。

8.3.4　入口规则配置

如果在启动项目时加载过滤器规则，就需要在 Zuul 启动类中配置 bean 方法，添加@EnableZuulProxy 注解，代码如下。

```
@SpringBootApplication
@EnableZuulProxy
public class ZuulWeb1Application {
    @Bean
    public PreFilter preFilter() {
        return new PreFilter();
    }
    @Bean
    public RouteFilter routeFilter() {
        return new RouteFilter();
    }
    @Bean
```

```
        public PostFilter postFilter() {
            return new PostFilter();
        }
        @Bean
        public ErrorFilter errorFilter() {
            return new ErrorFilter();
        }
        public static void main(String[] args) {
            SpringApplication.run(ZuulWeb1Application.class, args);
        }
    }
```

可以将路由设置如下。

```
    zuul:
      routes:
          abc:
          path: /abc/**
          url: forward:/abc
```

然后访问$ZUUL_HOST:ZUUL_PORT/abc，观察该过滤器的执行过程。

8.3.5 Zuul 过滤器生命周期

Zuul 过滤器生命周期分为正常流程和异常流程。

正常流程有以下几个步骤。

（1）客户端请求首先到达 PreFilter 过滤器，而后到达 RouteFilter 过滤器进行路由。

（2）请求到达真正的服务提供者。

（3）服务提供者执行请求，返回前端。

（4）PostFilter 过滤器处理请求。

（5）响应结果返回客户端。

异常流程有以下几个步骤。

（1）在整个过程中，PreFilter 或 RoutFilter 过滤器出现异常，都会直接进入 ErrorFilter 过滤器，再由 ErrorFilter 过滤器处理完毕后，将请求交给 PostFilter 过滤器，最后返回客户端。

（2）如果是 ErrorFilter 过滤器出现异常，最终会进入 PostFilter 过滤器，最后返回客户端。

（3）如果是 Post 过滤器出现异常，就会跳转到 ErrorFilter 过滤器，但是与 PreFilter 和 RoutFilter 不同的是，请求不会再到达 PostFilter 过滤器了，直接将结果返回客户端。

8.3.6　Zuul 过滤器禁用

如果在业务中不需要用到过滤器，或者因为一些原因要暂时关闭过滤器，可以禁用 Zuul 过滤器，禁用过滤器可以通过以下两种方式实现。

（1）通过 shouldFilter 方法中的 return false 使过滤器不再执行。

（2）通过配置方式来禁用过滤器，格式如下。

zuul.过滤器的类名.过滤器类型.disable=true

如果需要禁用 IpFilter 过滤器，可以用下面的配置。

```
zuul:
  IpFilter:
    pre:
      disable: true
```

8.3.7　Zuul 过滤器的数据传递

当项目中存在多个过滤器时，执行顺序根据 filterOrder 确定，如果不同过滤器之间需要传递数据，可以通过 RequestContext 的 set 方法进行传递。

```
RequestContext ctx = RequestContext.getCurrentContext();
ctx.set("msg", "msg test");
```

后面的过滤器可以通过 RequestContext.get(参数)方法来获取数据。

```
RequestContext ctx = RequestContext.getCurrentContext();
ctx.get("msg");
```

（1）在过滤器中对请求进行拦截是一个很常见的需求，如 IP 黑名单限制就是这样一个需求。

（2）如果请求在黑名单中，该请求就不能继续往下执行，需要对其进行拦截并返回结果给客户端，代码如下。

```
RequestContext ctx = RequestContext.getCurrentContext();
ctx.setSendZuulResponse(false);
ctx.set("sendForwardFilter.ran", true);
ctx.setResponseBody("返回信息");
return null;
```

ctx.setSendZuulResponse(false) 不将当前请求转发到后端的服务。

（1）当前过滤器将请求进行拦截，并且给客户端返回信息。

（2）即使通过 ctx.setSendZuulResponse(false) 设置了从路由到服务，并且返回 null，也只是当前的过滤器执行完成了，后面还有很多过滤器在等着执行。

（3）ZuulServlet 中的 service 方法中执行对应的 Filter，如 ZuulRunner.preRoute()。

```java
void preRoute() throws ZuulException {
    zuulRunner.preRoute();
}
```

ZuulRunner 调用 FilterProcessor 来执行 Filter。

```java
public void preRoute() throws ZuulException {
    FilterProcessor.getInstance().preRoute();
}
```

FilterProcessor 通过过滤器类型获取所有过滤器，并循环执行。

```java
public Object runFilters(String sType) throws Throwable {

    if (RequestContext.getCurrentContext().debugRouting()) {
        Debug.addRoutingDebug("Invoking {" + sType + "} type filters");
    }


    boolean bResult = false;
    List<ZuulFilter> list = FilterLoader.getInstance().getFiltersByType(sType);
    if (list != null) {
        for (int i = 0; i < list.size(); i++) {
            ZuulFilter zuulFilter = list.get(i);
            Object result = processZuulFilter(zuulFilter);
            if (result != null && result instanceof Boolean) {
                bResult |= ((Boolean) result);
            }
        }
    }


    return bResult;

}
```

通过 shouldFilter 方法，在拦截之后通过数据传递的方式告诉下一个过滤器是否要执行，增加一行数据传递的代码。

```java
ctx.set("isSuccess", false);
```

RequestContext 中设置一个值来标识是否成功，设置为 true 时，后续的过滤器才执行，设置为 false 则不执行，后置过滤器通过 RequestContext.getCurrentContext 获取指定值判断是否需要执行。

判断是否执行 shouldFilter 方法，需要添加如下代码。

```java
public boolean shouldFilter() {
    RequestContext ctx = RequestContext.getCurrentContext();
    Object success = ctx.get("isSuccess");
    return success == null ? true : Boolean.parseBoolean(success.toString());
}
```

8.3.8　服务降级处理

服务器在运行项目时，经常会遇到某个时间段接收到大量请求，或者是搞促销活动时某个时间点出现高并发请求的情况，若请求超过了服务器的负载能力，则会导致 CPU 占用率超高，进而会影响整个项目的业务。这时就可以考虑服务降级的策略了。

所谓服务降级，就是把某些不太重要的功能点设置为异常时不进行处理或简单地处理返回，以达到节省 JVM 内存和 CPU 资源的目的。例如，在"双十一"做一个促销活动，那么这个项目的核心功能就是商品列表模块、下单模块、支付模块等，这几个模块只要有一个出现请求异常会导致用户不能下单，完成不了整个购物流程，因此必须要保证这几个模块能正常运行。至于其他模块，如商品收藏、商家主页等，也可能在活动开始时收到大量请求，但属于次要级别的模块，因此可以设置一个服务降级，如果出现异常就直接返回不进行处理。

8.3.9　全局限流配置

使用全局限流配置，Zuul 会对代理的所有应用服务提供限流保护。

（1）配置 Ratelimit 可以开启限流保护。

```
Zuul:
    Ratelimit:
        Enabled: true
```

（2）60s 内请求超过 3 次，服务端就抛出异常，60s 后可以恢复正常请求。

```
zuul.ratelimit.default-policy.limit=3
zuul.ratelimit.default-policy.refresh-interval=60
```

（3）针对 IP 进行限流，不影响其他 IP。

```
Zuul:
    Ratelimit:
        default-policy:
            Type: origin
```

8.3.10　局部限流配置

使用局部限流配置，Zuul 仅针对配置的应用服务提供限流保护。

（1）是否启用限流保护。

```
Zuul:
    Ratelimit:
```

```
                    Enabled: false
```

（2）hystrix-application-client 服务 60s 内请求超过 3 次，服务抛出异常。

```
    zuul:
        ratelimit:
            policies:
                hystrix-application-client:
                    limit: 3
                    refresh-interval:60
```

（3）针对 IP 限流。

```
    zuul:
        ratelimit:
            policies:
                hystrix-application-client:
                                type: origin
```

8.4　本章小结

Zuul 作为一个微服务网关，具有统一入口、鉴权校验、动态路由和减少客户端与服务端耦合等功能。

第9章

Gateway 网关

第 8 章介绍了 Zuul 网关，本章介绍它的"孪生兄弟"Gateway。Gateway 网关的定义是网间连接器或协议转化器，其作用就是将两个不同通信协议的网络段连接到一起，它是基于 Spring 5.0、Spring Boot 2.0 开发的，主要是为微服务应用提供 API 路由管理。

9.1 Gateway 简介

网关常见的功能有路由转发、权限校验和限流控制。一般在高并发的系统中都需要做专门的限流控制，既要防止大量的请求让服务器超负荷运行，也要防止黑客对系统进行恶意攻击。

9.1.1 Gateway 的组成

通常所说的网关，就是指路由器的 IP，通过路由器来连接局域网（一个区域内的网络）；广域网和局域网都是从范围的角度来划分的，广域网也可以看作多个局域网通过路由器连接起来的网络。

路由器最核心的两个功能是路由和转发，路由就是数据包从起点主机到终点主机的路径，如果把广州市比作一个局域网，那么市内的各个区就是局域网内的工作主机，从天河区去海珠区不需要经过收费站，但从广州市去深圳市就需要经过高速收费站，这个收费站就相当于网关，网关负责处理路由和转发。

使用 Gateway 网关的作用如下。

（1）将两个使用不同通信协议的网络段连接在一起。

（2）对两个网络段中使用不同传输协议的数据进行翻译转换。

Gateway 网关主要由以下 3 个部分组成。

（1）路由（Route）：作为网关的基本模块，由 ID、目标 URL、断言和过滤器组成，若断言为真，则路由匹配。

（2）断言（Predicate）："断言"这个词语来自逻辑学，其定义为"断定一个特定前提为真的陈述"，它是作为路由进行转发的判断条件存在的，目前支持的方式有请求路径（Path）、请求查询（Query）、方法（Method）、请求标头（Header）。

（3）过滤器（Filter）：包括网关过滤器和全局过滤器，它会对请求和响应进行修改处理。

GatewayFilter 过滤器有以下 3 种。

（1）OrderedGatewayFilter：一个有序的网关过滤器。

（2）GatewayFilterAdapter：一个适配器类，是 Web 处理器（FilteringWebHandler）中的内部类。

（3）ModifyResponseGatewayFilter：一个内部类，用于修改响应体。

9.1.2　Gateway 实例

这里只需要添加 Gateway 依赖，而不需要添加 spring-boot-starter-web 的依赖，因为 Gateway 的依赖基于 Netty 环境启动，而 spring-boot-starter-web 的依赖基于 Servlet 容器启动，代码如下。

```
<dependency>
    <groupId>org.springframework.cloud</groupId>
    <artifactId>spring-cloud-starter-gateway</artifactId>
</dependency>
```

Gateway 文件设置应用端口号为 8080。

```
server:
    port: 8080
```

新增应用名称为 spring-cloud-gateway。

```
spring:
    application:
        name: spring-cloud-gateway
```

然后配置路由断言，通过下列属性来实现。

```
spring.cloud.gateway.routes.predicates
```

首先创建主程序。

```
@SpringBootApplication
public class SpringCloudGatewayApplication {
```

```
@Bean
public RouteLocator customRouteLocator(RouteLocatorBuilder builder) {
    return builder.routes()
            //basic proxy
            .route(r -> r.path("/baidu")
                    .uri("http://baidu.com:80/")
            ).build();
}

public static void main(String[] args) {
    SpringApplication.run(SpringCloudGatewayApplication.class, args);
}

}
```

请求客户端向网关发出请求，若网关处理程序映射确定请求与路由匹配，则将其发送到网关 Web 处理程序。

该处理程序运行通过特定于请求的筛选器链发送请求。筛选器由虚线分隔的原因：筛选器可以在发送代理请求之前或之后执行逻辑，执行所有前置过滤器逻辑，然后发出代理请求，之后执行发布过滤器逻辑。

注意：在没有端口的路由中定义的 URI 将 HTTP 和 HTTPS URI 的默认端口号分别设置为 80 和 443。

9.1.3 Gateway 转发规则

（1）Gateway 转发的规则需要添加以下文件配置，配置路由 ID 为 gateway-route。

```
spring:
  cloud:
    gateway:
      routes:
      - id: gateway-route
```

配置目标服务地址为 http://www.gateway-example.com。

```
spring:
  cloud:
    gateway:
      routes:
        uri: http://www.gateway-example.com
```

配置路由条件如下。

```
spring:
  cloud:
    gateway:
      routes:
        predicates:
        - Path=/spring-cloud
```

Predicate 来源于 Java 8，Predicate 接受一个输入参数，返回一个布尔值结果。该接口包含多种默认方法，将 Predicate 组合成其他复杂的逻辑（如与、或、非）。

在 Spring Cloud Gateway 中，Spring 利用 Predicate 的特性实现了各种路由匹配规则，又通过请求头 Header、请求参数等条件匹配到对应的路由。

官方提供了一些常用的路由匹配规则，如时间（Time）、地址（Host）、标头（Header）等，同时提供了一些过滤器，如 AddRequestHeader、AddRequestParameter、AddResponseHeader 等，仅通过简单的配置即可实现功能强大的网关服务。

（2）增加请求头 Header 规则配置。

```
spring:
  cloud:
    gateway:
      routes:
        - id: cookie_route
          uri: http://mywebsite.com
          predicates:
          - Header=X-Request-Id, \d+
```

（3）增加时间规则配置。

```
spring:
  cloud:
    gateway:
      routes:
        - id: cookie_route
          uri: http://ityouknow.com
          predicates:
          -  Between=2019-11-20T06:06:06+08:00[Asia/Shanghai],  2019-11-20T06:06:06+08:00[Asia/Shanghai]+
```

Gateway 支持设置一个时间，在请求进行转发时，可以通过判断在这个时间之前或之后进行转发。

（4）请求方式匹配规则设置。

```
spring:
  cloud:
    gateway:
```

```
routes:
 - id: cookie_route
   uri: http://mywebsite.com
   predicates:
   - Method=GET
```

（5）请求路径匹配规则设置。

```
spring:
 cloud:
   gateway:
     routes:
      - id: cookie_route
        uri:   http://mywebsite.com
        predicates:
        - Cookie=mysite,win.- Path=/user/{username}
```

（6）配置 Cookie 匹配规则。

```
spring:
 cloud:
   gateway:
     routes:
       - id: cookie_route
         uri: http://mywebsite.com
         predicates:
         - Cookie=cookie,value
```

再修改一下过滤器的配置即可完成限流功能，这样，一个自定义的 RateLimiter 就完成了，如果没有什么特殊要求，就可以直接使用 RedisRateLimiter 来实现限流，这个是内置限流器，只需要简单配置两个参数即可，代码如下。

```
filters:
- StripPrefix=1
- name: RequestRateLimiter
  args:
    redis-rate-limiter.replenishRate: 1
    redis-rate-limiter.burstCapacity: 2
```

相关参数说明如下。

（1）redis-rate-limiter.replenishRate：允许用户每秒处理多少个请求。

（2）redis-rate-limiter.burstCapacity：令牌桶的容量，允许在 1s 内完成的最大请求数。

9.2　本章小结

通过本章的讲解，读者可以发现 Spring Cloud Gateway 在使用上非常灵活，可以根据不同的情况来进行路由分发，在实际项目中可以自由组合使用，如 Filter、熔断和限流等。Gateway 网关是作为取代 Zuul 网关而存在的，它不仅提供了统一的路由方式，还基于 Filter 链的方式提供了网关基本的功能，如安全、监控/埋点和限流等。

第 10 章

Admin 管理中心

Spring Boot Admin 主要用于管理和监控 Spring Boot 应用，它结合 Actuator 可以提供一个可视化的 Web UI 界面。将 Admin 整合到 Spring Boot 的项目中可以给服务增加一个安全保障。

10.1　Admin 实例

10.1.1　Admin 服务端

（1）创建一个新的微服务项目作为 Admin 服务端，命名为 admin-server。这里 admin-server 选用的是最新版本 2.1.6，然后在 pom.xml 添加依赖。

添加 Web 依赖 spring-boot-starter-web。

```
<dependency>
        <groupId>org.springframework.boot</groupId>
        <artifactId>spring-boot-starter-web</artifactId>
</dependency>
```

添加 Admin 服务端依赖 spring-boot-admin-starter-server。

```
<dependency>
        <groupId>de.codecentric</groupId>
        <artifactId>spring-boot-admin-starter-server</artifactId>
        <version>2.1.6</version>
</dependency>
```

如果只是单台服务使用，只需引入 spring-boot-admin-starter-server 的依赖即可，spring-cloud-starter-netflix-eureka-client 是 Spring Boot Admin 基于 Eureka 服务中心会使用到的依赖。

（2）添加配置文件。application.yml 设置端口号为 9000，应用名称为 admin-server。

```
    server:
  port:9000
```
添加应用名称配置 admin-server。
```
  spring:
    application:
      name: admin-server
```
（3）启动类增加@EnableAdminServer 注解，启动 Admin Server 功能。
```
@EnableAdminServer
@SpringBootApplication
public class AdminServerApplication {
    public static void main(String[] args) {
        SpringApplication.run(AdminServerApplication.class, args);
    }
}
```
（4）查看运行效果。运行之后在浏览器中输入地址，查看 Admin 首页如图 10-1 所示。

图 10-1　Admin 首页

10.1.2　Admin 客户端

（1）创建一个 Spring Boot 项目，名称为 admin-client。添加 Spring Boot Admin 客户端的 Maven 依赖 spring-boot-admin-starter-client，代码如下。
```
<dependency>
    <groupId>de.codecentric</groupId>
    <artifactId>spring-boot-admin-starter-client</artifactId>
    <version>2.0.2</version>
</dependency>
```
（2）添加配置文件。添加服务端口号 9001 和应用名 admin-client。
```
server:
  port: 9001
spring:
  application:
    name: admin-client
```

然后配置 Admin 服务端的地址，这里配置地址为 http://localhost:9001。

```
spring:
  boot:
    admin:
      client:
        url: http://localhost:9001
```

具体请求执行路径为：用户触发界面→界面发起请求（带有具体的客户端 ID）→经过服务器端路由映射→具体节点的访问路径→调用 Spring Boot Actuator 监控接口获取数据返回。

（3）查看运行效果。服务注册到 Admin 之后就可以在 Admin 的 Web 页面中看到对应的服务信息了，查看服务列表，如图 10-2 所示。

图 10-2　服务列表

单击实例信息跳转到详细页面，可以查看应用服务更多的注册信息，如图 10-3 所示。

图 10-3　客户端注册信息

详情页面没有展示监控数据，加入 Actuator 的 Maven 依赖，代码如下。

```xml
<dependency>
    <groupId>org.springframework.boot</groupId>
    <artifactId>spring-boot-starter-actuator</artifactId>
</dependency>
```

然后在配置文件添加端点配置：

```
management:
  endpoints:
    web:
      exposure:
        include: "health,info,metrics"
```

启动 spring-boot-admin-client 应用，打开详情页可看到更多的数据，效果如图 10-4 所示。

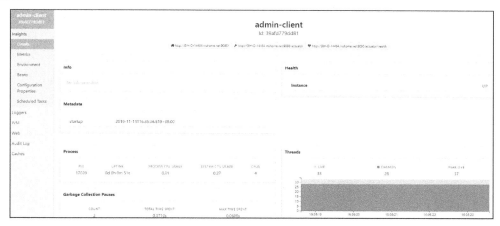

图 10-4　客户端详细信息数据

此时就可以使用 Spring Boot Admin 的各种监控服务了，还可以实现客户端和服务端之间的心跳检测。

心跳检测和健康检测原理是在 Spring Boot Admin 中，Server 端作为注册中心，它要监控所有客户端当前的状态，如当前客户端是否宕机、刚发布的客户端是否能够主动注册到服务端。

服务端和客户端之间通过特定的接口通信，以监听客户端的状态。因为客户端和服务端不能保证发布顺序，所以需要考虑以下几种场景。

（1）先启动客户端，再启动服务端。

（2）先启动服务端，再启动客户端。

（3）服务端运行中，客户端下线。

（4）客户端运行中，服务端下线。

为了解决以上问题，需要客户端和服务端各设置一个任务监听器，定时监听对方的心跳，并在服务器及时更新客户端状态。

上文的配置使用了客户端主动注册的方法。

为了理解 Spring Boot Admin 的实现方式，可通过 DEBUG 和查看日志的方式理解服务器和客户端的通信（心跳检测），需要在 logback.xml 中设置日志级别为 DEBUG。

服务端定时轮询发生在服务器宕机时，服务器接收不到请求，此时服务器不知道客户端是什么状态（当然可以说服务器在一定的时间里没有收到客户端的信息，就认为客户端宕机，这也是一种处理方式）。

在 Spring Boot Admin 中，服务端通过定时轮询客户端的健康检查接口（Health）对客户端进行心态检测。

10.1.3　创建 Eureka 项目

（1）将 spring-boot-admin 项目复制一份，重命名为 spring-boot-admin-eureka，增加 Eureka 的依赖，代码如下。

```
<dependency>
        <groupId>org.springframework.cloud</groupId>
        <artifactId>spring-cloud-starter-netflix-eureka-client</artifactId>
    </dependency>
```

（2）在启动类上增加@EnableDiscoveryClient 注解开启注册功能，代码如下。

```
@EnableDiscoveryClient
@EnableAdminServer
@SpringBootApplication
public class App {
    public static void main(String[] args) {
        SpringApplication.run(App.class, args);
    }
}
```

配置 Eureka 注册信息。

```
eureka:
    client:
        serviceUrl:
            defaultZone: http://winson:123456@localhost:8761/eureka/
    instance:
        preferIpAddress: true
        instance-id: ${spring.application.name}:${spring.ipAddress}:${server.port}
        status-page-url: http://${spring.ipAddress}:${server.port}
```

（3）重启服务。Spring Boot Admin 会监控 Eureka 中的所有服务，之前在监控服务中配置的 Admin 的 url 和 client 包的依赖都可以删除。

Spring Boot Admin 本身也会注册到 Eureka，在监控列表中当然也包括对自身的监控，可以暴露所有端点信息，不然在页面中无法查看监控数据。

```
management:
    endpoints:
        web:
            exposure:
                include=*
```

通过控制中心可以查看的信息如下。

（1）查看自定义的端点信息，判断应用是否处于健康状态。

（2）查看内存、CPU 和线程信息，如 PID、内存占用率、堆栈等。

（3）查看和动态切换日志级别，日志级别有 ERROR（消耗系统性能比 Warning 和 Info 级别小很多，但对于一些疑难问题会由于日志不够而难以追踪定位）、WARB、INFO（打印日志比较详细，但会导致整个项目的日志太多，定位日志比较麻烦）、DEBUG 和 TRACE 等。

（4）统计客户端请求信息，每条信息包含时间、请求类型、路径、状态和响应时长等。

10.1.4　查看服务日志

有时需要查看 Web 页面和服务端实时输出的本地日志，在 Admin-Client 应用的配置文件中增加以下内容。

```
logging:
    file: ${本地目录地址}\admin-server.log
```

重启 Admin-Client 应用服务，就可以在 Admin Server 应用主页的 Web 页面中看到新增了一个名为 Logfile 的菜单，并且本地配置的日志路径也会多一个名为 admin-server.log 的日志文件，打开可以看到密密麻麻的输出日志了，还可以通过 dos 窗口来实时输出日志，Admin 日志文件如图 10-5 所示。

图 10-5　Admin 日志文件

10.2　Admin 高级特性

10.2.1　集成 Hystrix UI 展示

集成 Hystrix UI 可以更加直观地查看应用的各项监控信息，第一步还是先引入 Maven 依赖 spring-boot-admin-server-ui-hystrix。

```
<dependency>
        <groupId>de.codecentric</groupId>
        <artifactId>spring-boot-admin-server-ui-hystrix</artifactId>
        <version>1.5.7</version>
    </dependency>
```

这里需要注意的是，如果不加 version 版本，就需要在 Maven 依赖上看一下是否引入成功，若依赖关联中版本号出现"unknown"字样，则属于远程仓库找不到对于版本的依赖包，表示依赖引入失败，如图 10-6 所示。

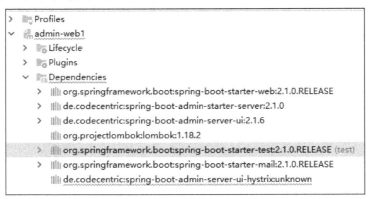

图 10-6　依赖引入失败

然后在配置文件中添加 endpoints 节点。

```
spring:
    boot:
        admin:
            routes:
                endpoints: env, beans, metrics,mapping,dump,jolokia,info,configprops,trace,logfile,refresh，health
```

这里配置了多个监控节点。例如，beans 用于查看应用中所有的 Spring Bean 列表，mapping 显示所有配置@RequestMapping 的路径，health 显示应用程序的健康信息等，这些端点没有必要都配置，只需根据实际开发的需要进行添加即可，添加太多反而会使页面需要加载更多信息，加大服务器性能资源消耗。

最后启动项目，即可查看相应展示的效果。

10.2.2　Admin 安全配置

监控类的数据 Web 管理端最好不要设置成直接通过输入访问地址就可以访问，需要开启用户认证，以保证数据的安全性。

Spring Boot Admin 开启认证也可以通过 spring-boot-starter-security 组件。

（1）加入 Security 安全的 Maven 依赖组件 spring-boot-starter-security。

```
<dependency>
    <groupId>org.springframework.boot</groupId>
    <artifactId>spring-boot-starter-security</artifactId>
</dependency>
```

在 application.yml 中配置认证信息中的登录名称和密码（这里就简单地把名称

和密码设置为 admin，实际生产环境需要把密码配置得复杂一些）。

```
spring:
security:
    user:
        name: admin
        password: admin
```

（2）自定义安全配置类，并且继承 WebSecurityConfigurerAdapter 适配器，里面定义一个处理方法 configure。

① 静态文件资源和用户登录页面可以不用进行权限认证。

② 其他客户端请求必须认证。

③ 自定义登录请求和退出。

代码如下。

```
@Configuration
public static class SecurityPermitAllConfig extends WebSecurityConfigurerAdapter {
    private final String adminContextPath;
    public SecurityPermitAllConfig(AdminServerProperties adminServerProperties) {
        this.adminContextPath = adminServerProperties.getContextPath();
    }
    @Override
    protected void configure(HttpSecurity http) throws Exception {
        SavedRequestAwareAuthenticationSuccessHandler    successHandler    =    new
SavedRequestAwareAuthenticationSuccessHandler();
        successHandler.setTargetUrlParameter("redirectTo");
        // 静态资源和登录页面可以不用认证
        http.authorizeRequests().antMatchers(adminContextPath + "/assets/**").permitAll()
                .antMatchers(adminContextPath + "/login").permitAll()
                // 其他请求必须认证
                .anyRequest().authenticated()
                // 自定义登录和退出
                .and().formLogin().loginPage(adminContextPath                               +
"/login").successHandler(successHandler).and().logout()
                .logoutUrl(adminContextPath + "/logout")
                // 启用 HTTP-Basic, 用于 Spring Boot Admin Client 注册
                .and().httpBasic().and().csrf().disable();
    }
}
```

重启应用程序，会发现登录页面需要输入用户名和密码才能访问 Admin Web 应用管理端，输入登录地址，会弹出登录提示框，如图 10-7 所示。

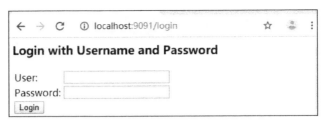

图 10-7　客户端登录提示框

应用上下线的弹窗通知如图 10-8 所示。

图 10-8　客户端下线弹窗通知

如果 Spring Boot Admin 应用服务开启了权限认证，那么监控的应用服务中也需要配置对应的用户名和密码。spring-boot-admin-client 属性文件中加上用户认证信息。

```
spring:
  boot:
    admin:
      client:
        url: http://host:9090
        username: admin
        password: admin 账号密码需要与 Spring Boot Admin Server 一致
```

（1）Spring Security 组件需要添加用户名和密码登录的安全认证依赖。admin-server 应用的 pom 文件增加依赖。

```
<dependency>
    <groupId>org.springframework.boot</groupId>
    <artifactId>spring-boot-starter-security</artifactId>
</dependency>
```

配置非常简单，与 Spring Security 有关的就是 spring-boot-starter-security 组件。

（2）在 admin-server 配置文件 application.yml 中配置 spring security 的用户名和密码。

```
spring:
  security:
    user:
      name: "admin"
      password: "admin"
```

（3）服务注册时带上元数据（metadata-map）的信息。

```
eureka:
```

```
    instance:
        metadata-map:
            user.name: ${spring.security.user.name}
            user.password: ${spring.security.user.password}
```

@EnableWebSecurity 注解与 WebSecurityConfigurerAdapter 一起配合提供基于
Web 的 Security 组件。

10.2.3　拦截监控端点处理

Spring Security 组件会默认拦截全部外部请求，配置对于全部的请求进行放行。

```
@Configuration
public class SecurityPermitAllConfig extends WebSecurityConfigurerAdapter {
    @Override
    protected void configure(HttpSecurity http) throws Exception {
        http.authorizeRequests().anyRequest().permitAll()
                .and().csrf().disable();
    }
}
```

10.2.4　Session 监控

Spring Session 组件是 Spring 官方旗下的一个项目，可以替代 Servlet 容器的 Http
Session 组件。Spring Session 的优点是更加方便开发者对 Session 进行管理和集成。
下面通过一个实例，使用 Spring Boot 框架来集成 Spring Session 组件，并且使用 Redis
作为存储来实践 Spring Session 的使用，项目引入 spring-session 依赖。

```
<dependency>
    <groupId>org.springframework.session</groupId>
    <artifactId>spring-session</artifactId>
</dependency>
```

Http Session 是由 Servlet 容器进行管理的。常用的应用容器有 Tomcat、Jetty 等，
这些容器的 Http Session 都是存放在对应的应用容器内存中，在分布式集群的环境
下，通常使用 Nginx 或 LVS、Zuul 等进行反向代理和负载均衡，因此客户端请求由
一组提供相同服务的应用来进行处理，而客户端最终请求到的服务由 Nginx 和 LVS、
Zuul 进行确定，通过增加@EnableRedisHttpSession 开启 redis-session，代码如下。

```
@Configuration
@EnableRedisHttpSession
public class HttpSessionConfig {
```

```
        }
```

10.2.5　展示客户端 JMX 信息

在客户端的 pom.xml 引入 Jolokia 依赖 jolokia-core。

```
<dependency>
        <groupId>org.jolokia</groupId>
        <artifactId>jolokia-core</artifactId>
    </dependency>
```

使用 HTTP 基本身份验证保护 Actuator 点时，SBA 服务器需要凭据才能对它们进行访问。注册应用程序时，需要在元数据中提交凭据。可以提供 HttpHeadersProvider 来改变行为（如添加一些解密）或添加额外的标头，使用 SBA 客户端提交凭据。

```
    spring.boot.admin:
      url: http://localhost:8080
      client:
        metadata:
          user.name: ${security.user.name}
          user.password: ${security.user.password}
使用 Eureka 提交凭据：
application.yml
eureka:
  instance:
    metadata-map:
      user.name: ${security.user.name}
      user.password: ${security.user.password}
```

SBA 服务器的作用是屏蔽 http 请求接口中的某些元数据，避免泄露敏感信息。

10.2.6　监控客户端配置

Spring Boot Admin 应用上展示了客户端的版本和 INFO 信息，在客户端的配置文件添加如下信息。

```
    info:
      name: ${deploy.servicename}
      description: ${service.description}
      version: "@project.version@"
```

注意：其中 ${deploy.servicename} 可以在 pom.xml 中配置，代码如下。

```
    <properties>
            <deploy.servicename>abc</deploy.servicename>
    </properties>
```

10.2.7　服务端集成 Hystrix UI 展示

首先引入 Hystrix UI 的 Maven 依赖 spring-boot-admin-server-ui-hystrix。

```
<dependency>
    <groupId>de.codecentric</groupId>
    <artifactId>spring-boot-admin-server-ui-hystrix</artifactId>
</dependency>
```

然后在配置文件中添加 endpoints 节点。

```
spring:
  boot:
    admin:
      routes:
        endpoints: env,metrics,trace,dump,jolokia,info,configprops,trace,logfile,refresh
```

10.2.8　监控告警服务

一般开发者不会经常盯着页面，最好能在告警之后再去查看，这样可以做到效益最大化。在微服务下，由于服务数量太多，并且可以随时扩展，第三方的监控功能就不适用了，这时可以通过 Spring Boot Admin 连接注册中心来查看服务状态，但只能在页面查看。

Spring Boot Admin 已经提供了告警功能，只需配置一些邮件的信息就可以使用。首先引入邮件所需要的依赖，代码如下。

```
<dependency>
    <groupId>org.springframework.boot</groupId>
    <artifactId>spring-boot-starter-mail</artifactId>
</dependency>
```

然后在配置文件中增加邮件服务器的信息，包括应用端口号、应用名称、邮件地址、用户名和密码等主要信息。

```
server:
  port: 9090
spring:
  application:
    name: admin-web
  mail:
    host: smtp.qq.com
    username: xxx@qq.com
    password: qq 邮箱的授权码
    properties:
```

```
        mail:
            smtp:
                auth: smtp.qq.com
                starttls:
                    enabled: true
                    required: true
        boot:
            admin:
                notify:
                    mail:
                        from: xxx@qq.com
                        to: xxx@126.com
```

配置好之后就可以收到监控邮件了。

10.3　本章小结

本章主要讲解了 Spring Boot Admin 的使用方法。Admin 提供的页面能让开发者更加直观地查看运行服务的各项状态指标，集成告警服务能为 Admin 的功能锦上添花。在开发过程中，开发人员需要在监控和告警上花费更多时间，尤其是涉及金融支付和安全产品的项目，更需要及时告警来进行问题排查和定位。

## 第 11 章

文档管理工具

目前开源的文档管理工具可谓是琳琅满目，这里推荐两款适合新手的文档管理工具：Swagger 和 Postman。

Swagger 是一款基于 OpenAPI 规范构建的开源工具，可以帮助开发者设计、构建、记录及使用 Restful API。该工具能实现文档在线自动生成，便于接口功能测试，可以极大地减轻开发者维护文档的工作量。

Postman 是一个很强大的 API 调试、http 请求工具，而且它的界面优美，极易上手操作，对接口文档管理非常方便。

11.1　Swagger 实例构建

Swagger 和 Spring Boot 项目能很好地整合。本节用一个实例讲解 Swagger 的基本使用方法。

11.1.1　Swagger 响应

Swagger 确实是个很强大的组件，可以根据业务代码无缝结合自动生成相关的 API 接口文档，尤其对于使用 Restful 风格的项目，开发人员基本可以不用专门去维护 Restful API。该框架不仅可以自动为业务代码生成 Restful 风格的 API，而且提供相应的测试界面，自动显示 JSON 格式的响应，极大地方便了后台开发人员与前端的沟通和联调成本。

11.1.2　Springfox–Swagger 简介

Springfox 是一个开源的 API 框架，它的主要作用如下。

（1）前后端解耦，前后端的对接通常是 API 形式，而后端开发人员在开发过程中提供的 API 和描述文档却是难以同步的，往往是开发代码完成了，但文档描述并不及时，甚至会忘记这一环节，导致前端调用 API 时经常发生错误。因此 Springfox 应运而生，它将前后端进行有效分离并保证了 API 与文档的实时同步。

（2）Springfox 生成的接口文档直观可视，也帮助后端开发人员脱离了写接口文档的痛苦，以及避免不厌其烦地解说各个接口需要的参数和返回结果。

（3）支持接口在线测试，并且可以实时检查请求参数和请求返回参数。

11.1.3　Swagger 相关依赖

首先创建一个 Spring Boot 项目，然后引入相关的 Swagger 依赖。

（1）添加 Swagger 启动依赖 swagger-spring-boot-starter，这里用最新的 1.9.0 版本。

```
<dependency>
    <groupId>com.spring4all</groupId>
    <artifactId>swagger-spring-boot-starter</artifactId>
    <version>1.9.0.RELEASE</version>
</dependency>
```

（2）添加 Web 依赖 spring-boot-starter-web。

```
<dependency>
    <groupId>org.springframework.boot</groupId>
    <artifactId>spring-boot-starter-web</artifactId>
</dependency>
```

11.1.4　Swagger 文件配置

首先在配置文件 bootstrap.yml 中增加文档相关内容，增加应用端口号配置 8080。

```
server:
  port: 8080
```

然后增加应用名称配置 swagger-web、swagger 标题配置 title 和配置描述。

```
spring:
  application:
name: swagger-web
swagger.title:title
swagger.description:description
```

开启 swagger 功能和指定接口地址路径。

```
swagger:
    enabled: true
    base-package: com.example.swaggerweb.controller
```

显示效果如图 11-1 所示。

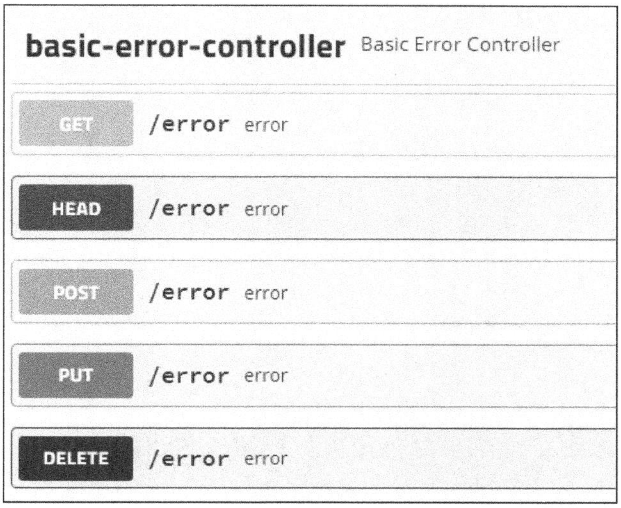

图 11-1 错误请求 URL

上面是通过目测觉得 Springfox 可能需要的 jar，但没有列出 Springfox 所需要的所有 jar。从上面的 jar 可以看出，Springfox 除依赖 Swagger 之外，还需要 guava（谷歌开源 Java 库）、spring-plug（Spring 插件）、jackson（Json 高级类库）等依赖包。这里需要注意的是，jackson 是用于生成 json 必需的 jar 包，如果项目本身没有加入这个依赖，为了集成 Swagger 必须额外加入。

11.1.5 Swagger 启动

在启动类中添加@EnableSwagger2Doc 注解，表示启动 Swagger 文档，具体代码如下。

```
@SpringBootApplication
@EnableSwagger2Doc
public class SwaggerWebApplication {
    public static void main(String[] args) {
        SpringApplication.run(SwaggerWebApplication.class, args);
    }
}
```

启动主程序应用，在浏览器中访问地址：http://localhost:8080/swagger-ui.html，就可以看到 Swagger 首页带有绿色横条的文档了，如图 11-2 所示。

图 11-2　Swagger 首页

这是一个比较简单的页面，接下来通过 Swagger 的注解进一步了解更多的配置功能。

11.2　Swagger 注解

Swagger 提供了很多注解来完善接口文档的内容，如@Api、@ApiModel 等，使文档更加清晰翔实。

11.2.1　@Api 接口注解

@Api 是类级注解，主要用到的属性有以下两个。

（1）tags 参数：设置文档中接口的名称，最好是能简短准确定义接口的名称，如这里定义为商品接口。

（2）description 参数：对类的功能进行描述，比定义名称 tags 更加详细一些。

```
@Api(tags = "商品接口",description = "商品相关接口")
@RequestMapping("goods")
@RestController
public class GoodsController {}
```

@Api 接口注解展示效果如图 11-3 所示。

图 11-3　@Api 接口注解展示效果

11.2.2 @ApiIgnore 隐藏接口

如果不想显示接口，可以用@ApiIgnore 隐藏接口。例如，要隐藏权限接口，代码如下。

```
@RestController
@Api(tags = "权限校验接口", description = "对所有访问用户进行校验")
@ApiIgnore
@RequestMapping("auth")
public class AuthController {
//todo
}
```

@ApiIgnore 隐藏接口展示效果如图 11-4 所示。

图 11-4 @ApiIgnore 隐藏接口展示效果

重启刷新 Swagger 页面，可以看到只有原来的权限接口消失了。

11.2.3 @ApiOperation 方法注解

@ApiOperation 属于方法级别的注解，用在 Controller 的方法上，使用方式代码如下。

```
@PostMapping(value = "/addGoods")
@ApiOperation(value = "新增商品", notes = "使用账号密码登录", httpMethod =
"POST")
public String addGoods(@RequestBody Goods goods) {
    goodsDao.addGoods(goods);
    return "商品添加成功";
}
```

@ApiOperation 方法注解展示效果如图 11-5 所示。

图 11-5　@ApiOperation 方法注解展示效果

11.2.4　@ApiImplicitParam 参数注解

@ApiImplicitParam 指定请求参数的作用。

```
@ApiImplicitParams({
    @ApiImplicitParam(name = "name", value = "名称", required = true, paramType = "String"),
    @ApiImplicitParam(name = "job", value = "职位", required = true, paramType = "String"),
    @ApiImplicitParam(name = "adress", value = "住址", required = true, paramType = "String")
})
```

@ApiImplicitParam 参数注解展示效果如图 11-6 所示。

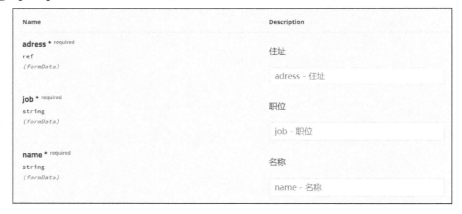

图 11-6　@ApiImplicitParam 参数注解展示效果

@ApiParam 属于字段级别的注解，用于 Controller 中方法的参数说明。
@ApiImplicitParam 包含了@ApiParam。

11.2.5　@ApiResponse 和@ApiResponses 响应注解

@ApiResponse 属于方法级别的注解，为请求参数进行说明。

（1）code：htpp 状态码，这里分别是 404 和 500。

（2）message：自定义描述信息，这里分别是"找不到请求路径"和"服务端响应异常"。

在方法上加上响应的 message。

```
@ApiResponses({@ApiResponse(code = 404, message = "找不到请求路径"), @ApiResponse
(code = 500, message = "服务端响应异常")})
```

响应注解展示效果如图 11-7 所示。

图 11-7　响应注解展示效果

11.2.6　@ApiModel 参数注解

@ApiModel 是类级注解，用于实体类中的参数说明。

（1）value：标注实体类的路径，要完整的包路径，每个包之间用点号隔开。

（2）description：实体类描述，这里是"用户登录实体类"。

```
@ApiModel(value = "com.example.swaggerweb.pojo.user.LoginUser", description = "用户登
录实体类")

    public class LoginUser{

    }
```

@ApiModel 参数注解展示效果如图 11-8 所示。

图 11-8　@ApiModel 参数注解展示效果

11.2.7　@ApiModelProperty 字段注解

@ApiModelProperty 属于字段级别的注解，对实体类属性进行说明。

（1）value：实体类的路径，非必填。

（2）description：实体类信息描述，这里是"用户登录信息"。

然后在实体类中定义用户名称和密码两个字段，实际上还要根据业务添加更多相关字段，这里不再赘述，代码如下。

```
@Data
@ApiModel(value = "com.example.swaggerweb.pojo.Auth.LoginUser", description = "用户
登录信息")
public class LoginUser {
    @NotNull(message = "账号不能为空")
    @ApiModelProperty(value = "账号", required = true)
private String username;
    @NotNull(message = "密码不能为空")
    @ApiModelProperty(value = "登录密码", required = true)
    private String password;
}
```

11.3　Swagger 实例

本节通过一个实例来讲解 Swagger 的多组别设置。

11.3.1　项目结构

这里创建一个 Spring Boot 应用，包含权限管理（Auth）、用户管理（User）、订单（Order）、支付（Pay）和商城（Mall）几大模块。

在 controller 目录下新建几个 Package 模块。

（1）Auth：定义为权限模块，包下创建 AuthController 类处理权限业务逻辑。

（2）User：定义为用户模块，包下创建 UserController 类处理用户业务逻辑。

（3）Order：定义为订单模块，包下创建 OrderController 类处理订单业务逻辑。

（4）Pay：定义为支付模块，包下创建 PayController 类处理支付业务逻辑。

（5）Mall：定义为商城模块，包下创建 MallController 类处理商城业务逻辑。

11.3.2　项目配置文件

因为这里涉及很多不同业务类型的模块，如果全部放在一起，就会显得杂乱无

章，所以可以用 Swagger 提供的 docket 属性进行分组，代码如下。

```yaml
swagger:
    enabled: true
    docket:
        auth:
            title: User
            description: 权限接口
            basePackage: com.example.swaggerweb.controller.Auth
        user:
            title: User
            description: 用户接口
            basePackage: com.example.swaggerweb.controller.User
        order:
            title: Order
            description: 订单接口
            basePackage: com.example.swaggerweb.controller.Order
        pay:
            title: Pay
            description: 支付接口
            basePackage: com.example.swaggerweb.controller.Pay
        mall:
            title: mall
            description: 商城接口
            basePackage: com.example.swaggerweb.controller.Mall
```

这里对上面的几个参数解释一下。

（1）docket 下的每一个子级表示每一个分组。

（2）basePackage 表示接口类的相对路径。

这样分组文件就基本配置好了，接下来可以分别对这几个模块进行逻辑上的基础实现。

11.3.3 权限模块

首先在 AuthController 类上增加 3 个注解，具体如下。

（1）@RestController：定义类的含义。

（2）@Api：配置接口描述。

（3）@RequestMapping：配置请求地址。

```java
@RestController
@Api(tags = "权限校验接口", description = "登录用户校验")
```

```
@RequestMapping("auth")
```

然后增加一个登录实体类 LoginUser，其中包含登录账户 account、登录密码 password 和登录时间 loginTime。

```
@Data
@ApiModel(value = "com.example.swaggerweb.pojo.Auth.LoginUser", description = "用户登录实体")
public class LoginUser {
    /**
     * 登录账户
     * */
    @NotNull(message = "账号不能为空")
    @ApiModelProperty(value = "登录账号", required = true)
    private String account;
    /**
     * 登录密码
     * */
    @NotNull(message = "密码不能为空")
    @ApiModelProperty(value = "登录密码", required = true)
    private String password;
    /**
     * 登录时间
     */
    @ApiModelProperty(value = "登录时间", required = true)
    private long loginTime;
}
```

完整代码如下。

```
@RestController
@Api(tags = "权限校验接口", description = "对所有访问用户进行校验")
@RequestMapping("auth")
public class AuthController {
    @PostMapping("/login")
    @ApiOperation(value = "用户登录", notes = "使用账号密码登录", httpMethod = "POST", produces = "application/json")
    public String login(@RequestBody LoginUser loginUser) {
        return "登录成功,账号是 is " + loginUser.getAccount();
    }
}
```

11.3.4　用户模块

增加一个用户信息实体类 User，字段信息包括用户 ID、用户名称、用户年龄、

用户住址、用户手机号、用户邮箱及用户创建时间，增加两个注解：@Data 和
@ApiModel，代码如下。

```
@Data
@ApiModel(description = "用户实体")
public class User {
    /**
     * 用户 ID
     */
    @NotNull(message = "用户 ID")
    @ApiModelProperty("用户 ID")
    private Long uid;
    /**
     * 用户名称
     */
    @NotNull(message = "用户姓名")
    @ApiModelProperty("用户姓名")
    private String name;
    /**
     * 用户年龄
     */
    @NotNull(message = "用户年龄")
    @ApiModelProperty("用户年龄")
    private Integer age;
    /**
     * 用户住址
     */
    @NotNull(message = "用户住址")
    @ApiModelProperty("用户住址")
    private String address;
    /**
     * 用户手机号
     */
    @NotNull(message = "用户手机号")
    @ApiModelProperty("用户手机号")
    private String phone;
    /**
     * 用户邮箱
     */
    @NotNull(message = "用户邮箱")
    @ApiModelProperty("用户邮箱")
    private String email;
```

```
    /**
     * 用户创建时间
     * */
    @NotNull(message = "用户创建时间")
    @ApiModelProperty("用户创建时间")
    private String createTime;
}
```

增加用户请求控制类 UserController，增加 3 个注解：@Api、@RestController 和 @RequestMapping，代码如下。

```
@Api(tags = "用户接口")
@RestController
@RequestMapping(value = "/users")
public class UserController {
    /**
     * @Description 创建线程安全的 Map，模拟 users 信息的存储
     * @Param
     * @Return
     * @Date 2019/10/16
     */
    private static Map<Long, User> users = Collections.synchronizedMap(new HashMap<>());

    @PostMapping("/")
    @ApiOperation(value = "创建用户信息", notes = "根据 User 对象创建用户",
httpMethod = "POST")
    public String postUser(@RequestBody User user) {
        users.put(user.getId(), user);
        return "success";
    }

    @GetMapping("/")
    @ApiOperation(value = "获取用户列表", notes = "获取用户列表", httpMethod = "GET")
    public List<User> getUserList() {
        return new ArrayList<>(users.values());
    }
    @GetMapping("/{id}")
    @ApiOperation(value = "获取用户详细信息", notes = "根据 url 的 id 来获取用户详细
信息", httpMethod = "GET")
    public User getUserDetail(@PathVariable Long id) {
        return users.get(id);
    }
```

```java
@PutMapping("/{id}")
@ApiImplicitParam(paramType = "path", dataType = "Long", name = "id", value = "用
户编号", required = true, example = "1")
@ApiOperation(value = "更新用户详细信息", notes = "根据 url 的 id 来指定更新对象,
并根据传过来的 user 信息来更新用户详细信息", httpMethod = "PUT")
public String putUser(@PathVariable Long id, @RequestBody User user) {
    User u = users.get(id);
    u.setName(user.getName());
    u.setAge(user.getAge());
    users.put(id, u);
    return "success";
}
}
```

11.3.5　订单模块

增加订单实体 OrderDetail，新增字段包括订单 ID、订单备注和订单创建时间，
代码如下。

```java
@Data
@ApiModel(value = "com.example.swaggerweb.pojo.Order.OrderDetail", description = "订单
详情")
public class OrderDetail {
    /**
     * 订单 ID
     */
    @NotNull(message = "订单 ID 不为空")
    @ApiModelProperty(value = "订单 ID", required = true)
    private String orderId;
    /**
     * 订单备注
     */
    @NotNull(message = "订单备注")
    @ApiModelProperty(value = "订单备注", required = true)
    private String orderNote;
    /**
     * 订单创建时间
     */
    @NotNull(message = "订单创建时间")
    @ApiModelProperty(value = "订单创建时间", required = true)
    private String createTime;
}
```

　　增加订单逻辑处理控制类 OrderController，增加根据订单 ID 获取订单详情的方法 getOrderDetail，这里直接简单地返回一个"订单详情"信息，代码如下。

```
@Api(tags = "订单接口", produces = "0")
@RequestMapping("order")
@RestController
public class OrderController {

    @PostMapping("/getOrder")
    @ApiOperation(value = "获取订单详情", notes = "使用账号密码登录", httpMethod =
"POST")
    public String getOrderDetail(@RequestBody String orderId) {
        return "订单详情";
    }
}
```

11.3.6　支付模块

　　增加用户支付实体 PayDetail，用来定义支付的字段，包括支付 ID、支付备注和支付时间等，代码如下。

```
@Data
@ApiModel(value = "com.example.swaggerweb.pojo.Pay.PayDetail", description = "支付详情")
public class PayDetail {
    /**
     * 支付 ID
     **/
    @NotNull(message = "支付 ID 不为空")
    @ApiModelProperty(value = "支付 ID", required = true)
    private String payId;
    /**
     * 支付备注
     **/
    @NotNull(message = "支付备注不为空")
    @ApiModelProperty(value = "支付备注", required = true)
    private String payNote;
    /**
     * 支付时间
     **/
    @NotNull(message = "支付时间不为空")
    @ApiModelProperty(value = "支付时间", required = true)
    private String payTime;
```

```
    }
```

增加订单接口功能，提供订单业务的请求，代码如下。

```
@Api(tags = "订单接口")
@RequestMapping("order")
@RestController
public class PayController {
    @PostMapping("/login")
    @ApiOperation(value = "支付接口", notes = "使用账号密码登录", httpMethod =
"POST")
    public String pay(@RequestBody LoginUser loginUser) {
        return "支付成功";
    }
}
```

11.3.7　商城模块

增加商城模块实体 Goods，定义相关字段，包括商品 ID、商品名称、商品保质期和商品生产地址等，代码如下。

```
@Data
@ApiModel(description = "商品实体")
public class Goods {
    /**
     * 商品 ID
     */
    @NotNull(message = "商品 ID 不为空")
    @ApiModelProperty("商品 ID")
    private Long goodsId;
    /**
     * 商品名称
     */
    @NotNull(message = "商品名称不为空")
    @ApiModelProperty("商品名称")
    private String goodsName;
    /**
     * 商品保质期
     */
    @NotNull(message = "商品保质期不为空")
    @ApiModelProperty("商品保质期")
    private String goodsExp;
```

```
/**
 * 商品生产地址
 */
@NotNull(message = "商品生产地址不为空")
@ApiModelProperty("商品生产地址")
private String address;
/**
 * 商品厂家
 */
@NotNull(message = "商品厂家不为空")
@ApiModelProperty("商品厂家手机号")
private String producer;

/**
 * 商品创建时间
 */
@NotNull(message = "商品创建时间不为空")
@ApiModelProperty("商品创建时间")
private String createTime;
}
```

然后增加商城模块实例，代码逻辑和上文相似，这里不再赘述。

11.3.8　启动应用

重启主程序应用，打开 Swagger 地址 http://localhost:8080/swagger-ui.html，可以在右上角的 Select a spec 下拉列表中增加几个配置项，Swagger 按类型区分接口，其分组如图 11-9 所示。

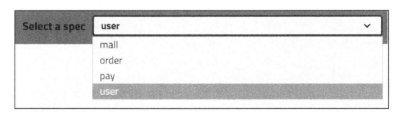

图 11-9　Swagger 接口分组

查看 Swagger 页面增强配置，如图 11-10 所示。

图 11-10 Swagger 增强页面

11.3.9 请求认证

服务中有认证，程序中会把认证的 Token 设置到请求头中，在用 Swagger 测试接口时也需要带上 Token 才能完成接口的测试。

（1）单击 Authorize 按钮，输入用户认证信息。

（2）默认的请求头名称是 Token，这里改成了 Authorization，通过配置文件修改。

```
swagger:
    enabled: true
    authorization:
        key-name: Authorization
```

11.4 Postman 使用方式

11.4.1 Postman 基本使用方法

Postman 是用于 API 开发的个人或团队协作平台，它的主要功能有以下几个。

（1）直接在 Postman 中快速轻松地发送 REST、SOAP 和 GraphQL 类型的请求。

（2）自动化测试：自动执行手动测试并将其集成到 CI / CD 管道中，以确保任何代码更改都不会破坏生产中的 API。

（3）通过模拟端点及服务端响应来传达 API 的预期行为，而无须设置后端服务器。

（4）Postman 可以让开发者快速地发布接口文档，可以提取请求、标头、代码段等，不能与团队其他成员共享 API。

（5）通过按计划的时间间隔检查性能请求响应时间，以了解 API 的最新状态。

（6）工作空间。提供用于构建和使用 API 的共享上下文，并通过内置的版本控制进行实时协作。

首先需要下载 Postman 的安装文件，可以去官网下载。

Postman 对平台有很好的支持，官方提供了 3 个平台的下载版本，包括 Windows、Mac 和 Linux 版本，目前最新版本为 7.19.0，功能更强大的企业版本（postman-enterprise）需要付费使用。

11.4.2　Postman 主页

Postman 主页分为两大块，左边是 API 文档集合列表视图，右边是 API 接口请求和响应结果的界面视图，如图 11-11 所示。

图 11-11　Postman 主页

11.4.3　创建新的接口

首先输入接口名称和描述，这里的描述尽量清晰一点，让后续接手的人能一目了然，如图 11-12 所示。

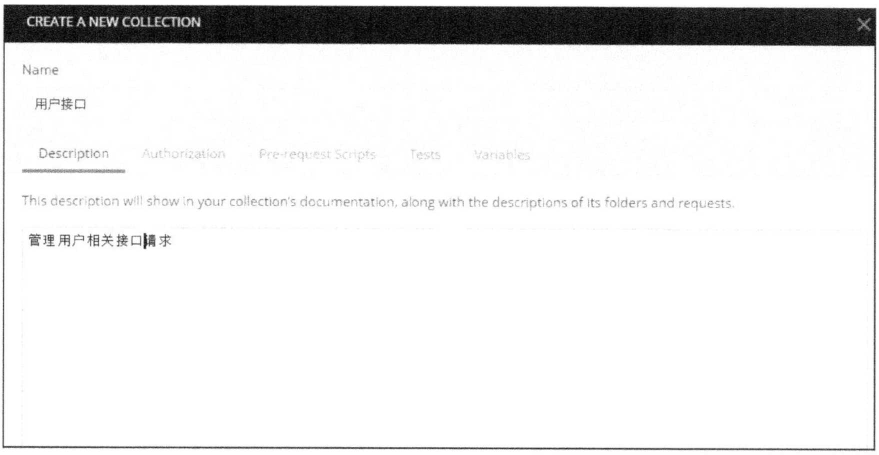

图 11-12 Postman 创建集合

然后在第二个标签下选择接口权限，如图 11-13 所示。

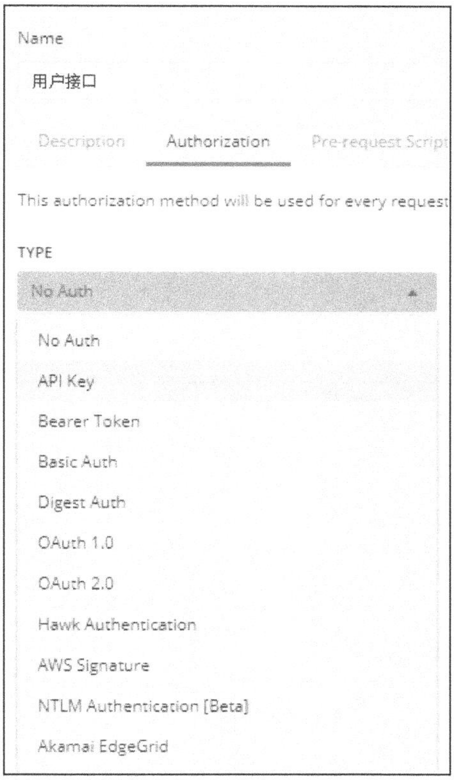

图 11-13 权限选项

第三个标签是预加载脚本，如图 11-14 所示。

图 11-14　预加载脚本

第四个标签是加载之后的脚本，可以在调用接口返回参数之后执行，如图 11-15所示。

图 11-15　加载后脚本

第五个标签是接口的参数变量，如图 11-16 所示。

图 11-16　接口参数变量

11.4.4　接口集合

有时接口可能非常多，可以按照接口进行分类，创建不同的接口集合，收藏的集合（集合名旁边的星星是红色的）会优先展示在最上面，如图 11-17 所示。

图 11-17　接口集合

这样下次登录就能直接调用请求接口，不用重复创建。Postman 对于团队合作也有很好的支持，可以邀请团队成员进行协作开发，如图 11-18 所示。

图 11-18　邀请团队成员

请求代理设置，如图 11-19 所示。

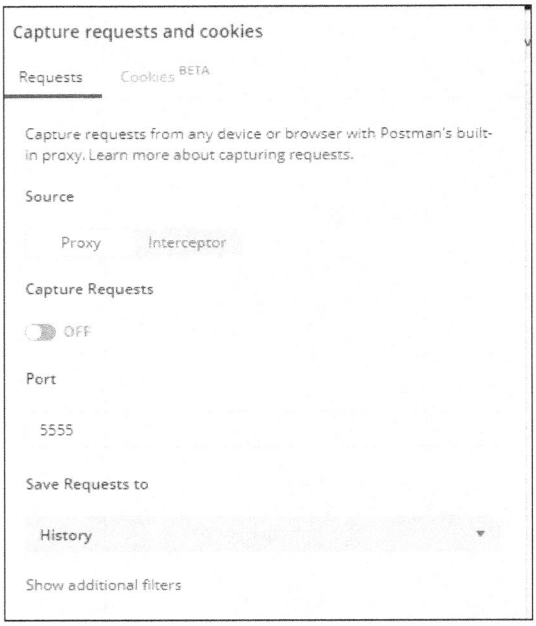

图 11-19　请求代理设置

现在很多网站都用了 Cookie，Cookie 是客户端发送请求给服务端时存放在请求头的一个标识符，因为 HTTP 协议是无状态的，服务端为了区分是哪个客户端（用户）发来的请求，就需要一个标识符区分，Cookie 就是在这种情况下应运而生的。Cookie 会有一个过期时间，它的处理主要有以下几步。

（1）客户端（浏览器）第一次请求服务端（服务器）。

（2）服务端响应，返回一个 Cookie 对象给客户端。

（3）客户端保存 Cookie 对象。

（4）每次请求客户端都会在 Header（请求头）中将 Cookie（规范的格式是 k1=v2;k2=v2，分号分隔）发送给服务端。

（5）服务端获取客户端上传的 Cookie 之后直接跳过登录流程。

Postman 的 Cookie 设置如图 11-20 所示。

这里可以添加多组域名的 Cookies，属于公共的配置。

然后可以选择参数的权限配置，这里介绍以下几种权限类型。

（1）No Auth：顾名思义就是不用进行权限校验，直接请求可获取数据。

（2）Bearer Token：一个安全令牌，带有 Bearer Token 的用户都可以使用它来访问数据资源，而无须使用加密密钥。

图 11-20 Cookie 设置

（3）Basic Auth：基本身份验证是一种比较简单的授权类型，需要经过验证的用户名和密码才能访问数据资源。这就需要输入用户名和对应的密码。

（4）Digest Auth：通过哈希算法对通信双方身份的认证。

（5）OAuth 1.0：在不公开密码的情况下授权使用其他应用程序的授权模式。

（6）OAuth 2.0：属于 OAuth 1.0 的升级版本，现在第三方授权基本属于这一种。

（7）Hawk Authentication：使用 MAC(消息认证码算法)算法的 HTTP 认证方案。

（8）AWS Signature：AWS 签名认证。

在 Authorization 下的 TYPE 下拉列表，Auth 验证配置如图 11-21 所示。

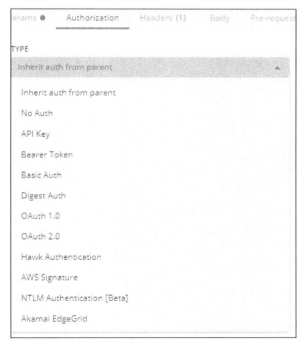

图 11-21 Auth 验证配置

这里的 Inherit auth from parent 就是从父类继承身份验证。

11.5 本章小结

Swagger 和 Postman 都是很强大的文档管理工具，其中 Swagger 最大的优点是与代码整合在一起，增删改接口都可以通过代码体现出来，非常方便和高效。Postman 的优点是它简单易用的图形界面，适合新手使用，对于小团队之间的配合测试也是得心应手。

第12章

MongoDB 数据库

MongoDB 是一个基于 C++编写和分布式文件存储的非关系型数据库，为 Web 应用提供可扩展的高性能数据存储解决方案。

12.1 MongoDB 简介

12.1.1 MongoDB 的结构

MongoDB 是一个基于分布式文件存储的非关系型数据库，是一个介于关系数据库和非关系数据库之间的产品，其主要目标是在键/值存储方式（提供了高性能和高度伸缩性）和传统的 RDBMS 系统之间架起一座桥梁。

MongoDB 支持的数据存储格式是 BSON 格式，对比 JSON 数据结构，BSON 有更快的数据遍历速度，可以存储复杂的数据类型，它增加了 bytearray 数据类型，可以直接存储二进制数据，减少了内存开销。

MongoDB 包含的主要结构如下。

（1）数据库（Database）。

（2）数据库集合（Collection），相当于 SQL 的表结构，集合一般由若干底层数据文件构成。

（3）数据库文档（Document），相当于 SQL 每行的记录。

（4）数据库索引（Index），这与 SQL 的索引一样。

（5）主键（Primary Key），SQL 的主键主要指定每张表的唯一值，MongoDB 的主键在生成文档时自动将_id 字段设置为主键，_id 的类型为 ObjectId，这是一个 12 字节的 BSON 类型字符串。另外，MongoDB 也是可以自定义主键的，通过注解@Id 来手动设置主键。

12.1.2　MongoDB 的特点

MongoDB 有以下几大特点。

（1）面向文档存储，操作简单，不像关系型数据库那样需要维护表字段，尤其是业务越来越复杂时，需要维护的字段也越来越多。

（2）分片机制带来的扩展性：在数据大爆炸的时代，数据的增长量是以亿级来计算的，像一些大型节日（如"双 11""双 12"等）的电商活动，单日的订单量可以突破 10 亿，这种级别的数据增长给磁盘和内存容量带来很大的考验，如果像传统数据库那样不断地增加磁盘容量、分库分表等，就会带来很大的工作量，而 MongoDB 通过分片机制，可以实现自动水平扩展和路由。

（3）数据压缩：MongoDB 在 3.2 版本更换了新的高性能存储引擎 WiredTiger，使数据的压缩性能有了质的飞跃，这样可以让相同的容量能存储更多的数据。

（4）支持多种主流编程语言，包括 Java、Python、C++、PHP 等。

（5）快速的属性索引。

12.1.3　应用场景

MongoDB 主要有以下几个应用场景。

（1）业务关系比较复杂，可能存在不确定的字段。例如，有些注册页面允许用户填写自定义字段，这种字段可能是一个字符串，也可能是时间，甚至是其他类型，这时用 MongoDB 比传统数据库要方便很多，它不用预先定义文档的结构，不用维护表结构，可以用来存储多种类型的数据。

（2）日志系统：部署在线上的项目每天都会输出大量的日志，平时也是通过日志的异常信息来定位相关问题，但很多时候日志都是生成一个个 log 文件，数量多了之后再压缩。当日志服务器存储不下时，log 文件就会被删除或转移到其他的地方，这样海量的日志数据就没有被物尽其用。如果需进一步对这些日志进行分析统计，那么存储在 MongoDB 中无疑是很适合的，如先将每段日志细分成各个属性。

① 客户端访问 IP。

② 日志的类型，有 Error、Warning、Info 等。

③ 请求的参数。

④ 响应的状态码和返回参数。

⑤ 时间戳。

按照统计和分析的需要做成一个可视化的日志管理后台。

（3）爬虫系统：爬取一个页面往往包含各种属性和元素标签，因为每个页面的关键信息采取的 HTML 标签往往是不同的。

（4）游戏数据库：现在游戏的更新迭代是很快的，增删改字段也是很频繁的事情，如果用关系型数据库很容易造成大量数据的冗余，这种游戏场景大多适用 JSON 数据来存储。

（5）对地理位置强依赖的应用：例如，像外卖、快递和网约车类型的应用，因为 MongoDB 可以根据地理位置进行查询，所以可以把商家的地理位置存储起来，然后按照用户的位置进行搜索，这样可以实时地给用户推送附近的商家或车辆，对于应用的体验是一个很好的提升。

12.1.4 可视化客户端

目前市面上 MongoDB 的可视化工具非常多，至少有几十款，这里推荐德国公司旗下的 Robo 3T，当然还有其他客户端选择，如 IDEA 自带的 mongo4idea。此外，还有 Navicat for Mongo、Studio 3T，不过这两款是收费的，开发者可以根据自己的使用习惯选择合适的客户端。

Robo 3T 的官网提供了两种软件下载，分别是 Stdudio 3T 和 Robo 3T，Studio 3T 是付费版，这里 Robo 3T 的功能完全够个人开发使用了。

首先配置数据库连接信息，主要有连接类型（Type）、连接名称（Name，可以随便取，但最好与业务相关）、数据库地址（Address）和端口，如图 12-1 所示。

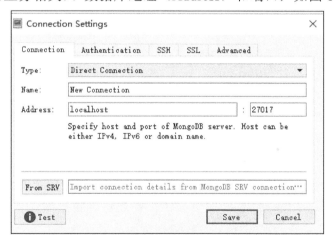

图 12-1　MongoDB 连接信息配置

这里可以看到有 3 种验证方式。

（1）Authentication：使用用户名和密码进行登录验证。

（2）SSH：Secure Shell 的缩写，中文名为安全外壳协议，它可以通过口令或密钥进行安全验证，目前大多数远程仓库都提供这种安全登录方式。

（3）SSL：Secure Socket Layer 的首字母缩写，中文名为安全套阶层，是介于 TCP 和 HTTP 协议之间的一种协议方式。

12.1.5　下载和安装

MongoDB 官方提供了很多个系统的版本下载，有 Ubuntu、Mac OS、Debian 等，开发者可以根据自己的开发平台选择对应的版本。这里选择 Windows 版本，如图 12-2 所示。

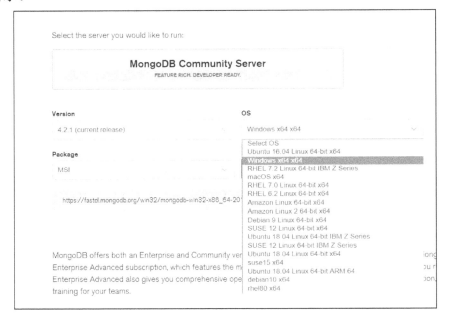

图 12-2　MongoDB 版本下载

选中接受安装协议，如图 12-3 所示。

这里选择 Custom 自定义安装，不要选择 Complete，因为会安装很多不需要的附件，而且选择 Custom 就无法选择安装盘了，会被默认安装在 C 盘。

然后选择安装路径，这里会在安装路径下生成两个目录：data 和 log，分别存储数据和日志，如图 12-4 所示。

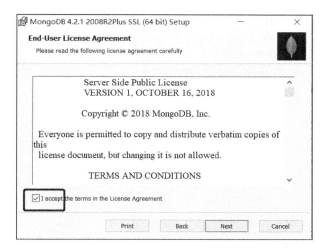

图 12-3　接受安装协议

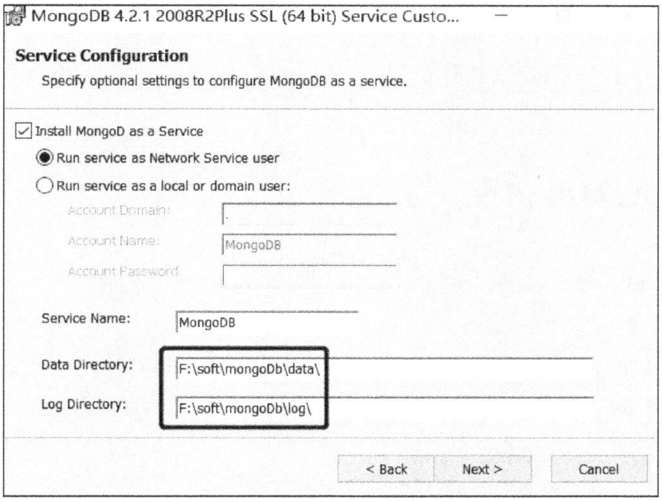

图 12-4　数据和日志的存储目录

　　安装 Mongo DB Server 时不建议安装 Compass，因为已经选择了 Robo 3T，就可以不用安装 Compass 了。然后进入安装进度，如果上面的步骤选择了 Compass 安装，这里就会非常缓慢，因此不建议安装 Compass。

　　最后配置一下数据库连接信息，主要有类型（Type）、连接名词（Name）、数据库地址（Address）及端口号（Port），配置完之后可以单击左下角的 Test 按钮测试一下是否连接成功，如图 12-5 所示。

　　可以看到有多个不同的连接协议，包括 SSH 和 SSL，可以根据实际情况进行选择。

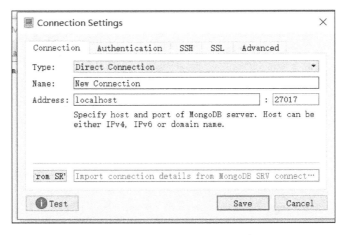

图 12-5 配置数据库连接信息

12.2 MongoDB 实例

12.2.1 MongoDB 依赖

（1）添加 MongoDB 依赖 spring-boot-starter-data-mongodb。

```
<dependency>
    <groupId>org.springframework.boot</groupId>
    <artifactId>spring-boot-starter-data-mongodb</artifactId>
</dependency>
```

这里只要添加 spring-boot-starter-data-mongodb 即可，无须添加其他依赖。

（2）添加 MongoDB 配置。

```
spring:
  application:
    name: swagger-web
  data:
    mongodb:
      host: 127.0.0.1
      port: 27017
      authentication-database: admin
      database: swagger-data
```

12.2.2　MongoDB 创建数据库

通过 use 命令创建数据库。

```
use db_name
```

也可以在 Robo 3T 中创建数据库，如图 12-6 所示。

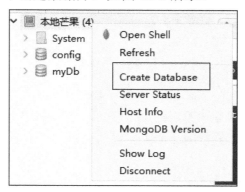

图 12-6　创建数据库（1）

若数据库不存在，则创建数据库，否则切换到指定数据库，如图 12-7 所示。

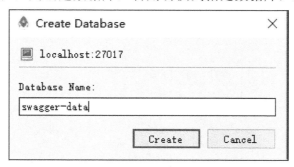

图 12-7　创建数据库（2）

新增的数据库包含 3 个目录，如图 12-8 所示。

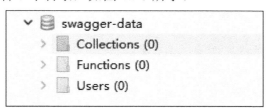

图 12-8　数据库目录

创建 4 张表，如图 12-9 所示。

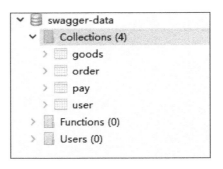

图 12-9　创建表

可以看到数据库下面除 Collections 文件夹之外，还有 Functions 文件夹和 Users 文件夹，分别是这个数据库下关联的函数（可以自定义逻辑）和用户权限。

双击数据表，可以看到 MongoDB 会自动创建一个 key 为_id_的索引，如图 12-10 所示。

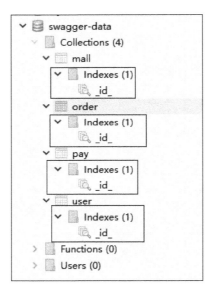

图 12-10　查看索引

也可以查看索引详情，如图 12-11 所示。

这里顺便说一下索引。索引简单来说就是一个目录，就像人们用的新华字典，可以根据目录中的偏旁部首、拼音等查找相关的字，这种方式比一页页去翻效率要高很多，数据库中如果没有索引的功能，那么查询数据时只能从头开始一个个去扫描，数据量特别大时这样的查询效率是很低的，从而影响整个服务的响应效率，因此创建表时都是要创建索引的。

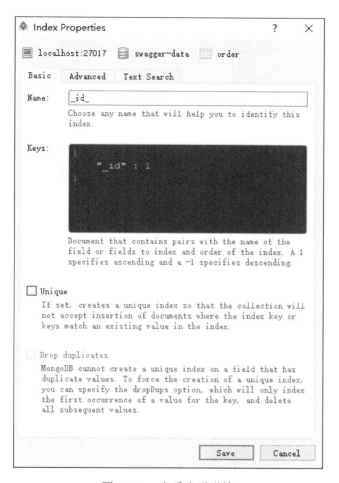

图 12-11　查看索引详情

那么一般对哪些字段创建索引呢？有以下几点规则。

（1）表的主键和外键必须创建索引。

（2）作为表的查询条件，如用到 where field=${condition}的字段需要加索引。

（3）索引要选择小字段，对于那些较大的字段不能加索引。

（4）频繁进行增删改的表不要创建太多的索引，会增加数据库处理的开销。

（5）对于一些数据不多的表（最多只有一两百条数据的表）不要加索引，如一些配置表、标签表等，如果之后发现表的数据大量增加导致查询缓慢，可以在后期额外添加索引。

MongoDB 在创建集合期间在_id_字段上创建了唯一索引，而且_id_字段的索引是不能删除的。这个索引可以避免新增记录时插入两个_id_字段值相同的文档，然后设置索引名称，如图 12-12 所示。

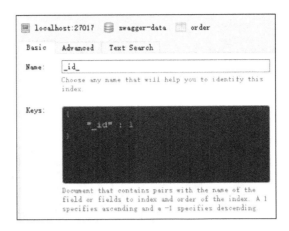

图 12-12　创建唯一索引设置

除了默认添加的_id_索引，MongoDB 还有复合索引（多个查询条件创建索引）、过期索引（像 Redis 那样给索引创建一个过期时间，单位为秒，当索引过期之后，对应的数据也会被删除，一般用于定时任务）、全文索引等。

可以根据字段含义设置是否为唯一索引，如图 12-13 所示。

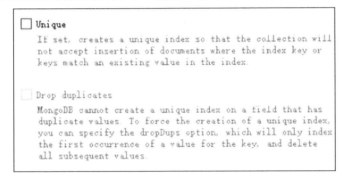

图 12-13　索引设置

查看集合的数据，如图 12-14 所示。

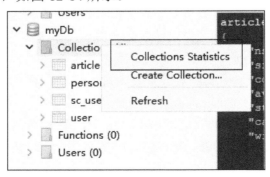

图 12-14　查看集合的数据

查看表的统计数据，如图 12-15 所示。

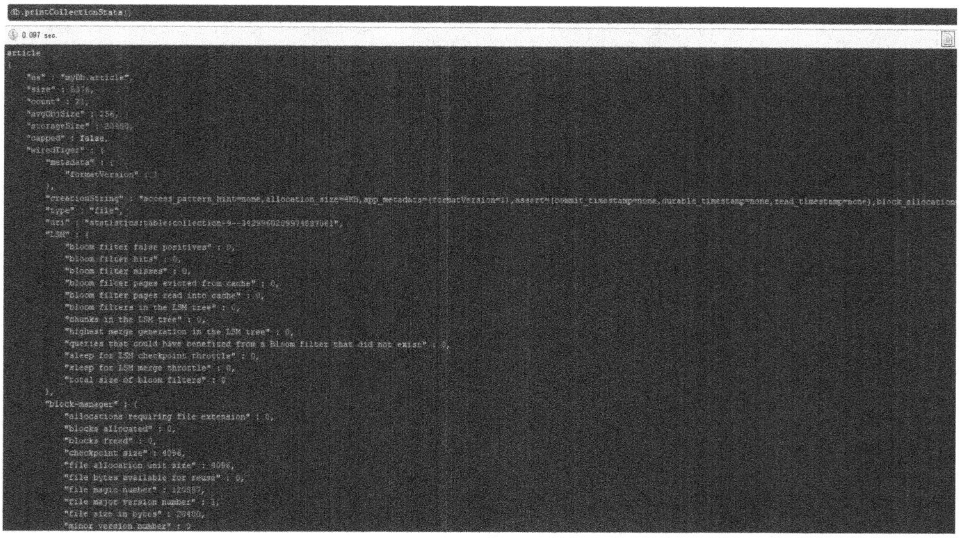

图 12-15　查看表的统计数据

12.2.3　创建实体

首先创建 4 个实体类，具体如下。

（1）用户，记录用户信息。

（2）订单，记录订单信息。

（3）支付，记录支付信息。

（4）商品，记录商品信息。

然后创建用户实体类 User。

```
@Document(collection = "user")
@Data
public class User {
    /**
     * 用户 ID
     */
    @Field("uid")
    private Long uid;
    /**
     * 用户名
     */
    @Field("name")
    private String name;
```

```java
    /**
     * 用户年龄
     */
    @Field("age")
    private Integer age;
    /**
     * 用户住址
     */
    @Field("address")
    private String address;
    /**
     * 用户手机号
     */
    @Field("phone")
    private String phone;
    /**
     * 用户邮箱
     */
    @Field("email")
    private String email;
    /**
     * 用户创建时间
     */
    @Field("createTime")
    private String createTime;
}
```

创建订单实体类 Order。

```java
@Document(collection = "order")
@Data
public class Order {
    /**
     * 订单 ID
     */
    @Field(value = "orderId")
    private String orderId;
    /**
     * 订单备注
     */
    @Field(value = "orderNote")
    private String orderNote;
    /**
     * 订单创建时间
```

```java
     */
    @Field(value = "createTime")
    private String createTime;
}
//支付实体
@Document(collection = "pay")
@Data
public class PayInfo {
    /**
     * 支付 ID
     */
    @Field(value = "pay_id")
    private String payId;
    /**
     * 支付备注
     */
    @Field(value = "pay_note")
    private String payNote;
    /**
     * 支付时间
     */
    @Field(value = "pay_time")
    private String payTime;
}
```

创建商品实体类 Goods，代码如下。

```java
@Document(collection = "goods")
@Data
public class Goods {
    /**
     * 商品 ID
     */
    @Field("goodsId")
    private Long goodsId;
    /**
     * 商品名称
     */
    @Field("goodsName")
    private String goodsName;
    /**
     * 商品保质期
     */
    @Field("goodsExp")
```

```
        private String goodsExp;
        /**
         * 商品生产地址
         */
        @Field("producer_address")
        private String producerAddress;
        /**
         * 商品产家
         */
        @Field("producer")
        private String producer;

        /**
         * 商品创建时间
         */
        @Field("createTime")
        private String createTime;
    }
```

这里 IDEA 有个技巧生成实现方法，在类上按 Alt+Enter 组合键快速生成接口 OrderDao 的实现方法，如图 12-16 所示。

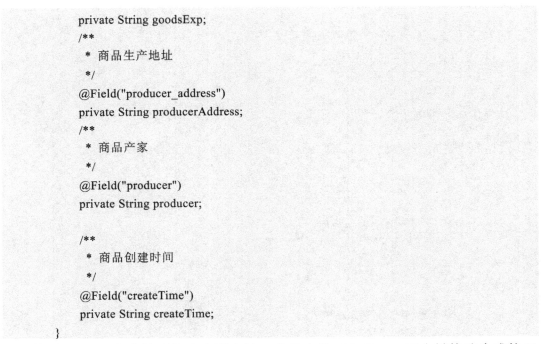

图 12-16　接口 OrderDao 的实现方法

修改目录，一般在 Dao 包下新建一个 impl 目录存储实现类文件，如图 12-17 所示。

图 12-17　选择目录

然后生成对应的实现类文件，用同样的方法生成另外 3 个 dao 接口的实现类，代码如下。

```java
public interface GoodsDao {
    /**
     * 添加商品接口
     * */
    void addGoods(Goods goods);
    /**
     * 获取商品详情接口
     * */
    Goods getGoodsInfo(Long goodsId);
    /**
     * 更新商品详情接口
     * */
    void updateGoodsInfo(Goods goods);
    /**
     * 删除商品接口
     * */
    void deleteGoods(Long goodsId);
}
```

订单接口包含添加订单、根据订单号获取订单详情、更新订单详情、删除订单等接口，这 4 个是基础接口，实际上订单的业务场景还有很多，如根据关键字或备注查询订单等。接口查询的参数有所不同，可以根据实际场景添加或删改，代码如下。

```java
public interface OrderDao {
    /**
     * 添加订单接口
     */
    void addOrder(Order order);
    /**
     * 获取订单详情接口
     */
    Order getOrderInfo(Long orderId);
    /**
     * 更新订单详情接口
     */
    void updateOrderInfo(Order order);
    /**
     * 删除订单接口
     */
    void deleteOrder(Long orderId);
}
```

接下来其他类型的接口基本一致，都是按照上面的方法进行修改，然后实现用户方法，具体代码如下。

```java
@Service
public class UserDaoImpl implements UserDao {
    @Resource
    private MongoTemplate mongoTemplate;
    /**
     * 新增用户实现方法
     */
    @Override
    public void addUser(User user) {
        mongoTemplate.save(user);
    }
    /**
     * 获取用户实现方法
     */
    @Override
    public User getUserInfo(Long id) {
        Query query = new Query(Criteria.where("uid").is(id));
        return mongoTemplate.findOne(query, User.class);
    }
    /**
     * 更新用户实现方法
     */
    @Override
    public void updateUser(User user) {
        Query query = new Query(Criteria.where("uid").is(user.getUid()));
        Update update = new Update();
        update.set("address", user.getAddress());
        update.set("phone", user.getPhone());

        mongoTemplate.updateFirst(query, update, User.class);
    }
    /**
     * 删除用户实现方法
     */
    @Override
    public void deleteUser(Long id) {
        mongoTemplate.remove(id);
    }
}
```

增加一个商品实现方法，提供商品的实现接口 GoodsDao，包括新增商品信息、获取商品信息、更新商品信息和删除商品记录等。

```java
@Service
public class GoodsDaoImpl implements GoodsDao {

    @Resource
    private MongoTemplate mongoTemplate;

    /**
     * 新增商品信息实现方法
     */
    @Override
    public void addGoods(Goods goods) {
        mongoTemplate.save(goods);
    }
    /**
     * 获取商品信息实现方法
     */
    @Override
    public Goods getGoodsInfo(Long goodsId) {
        Query query = new Query(Criteria.where("goods_id").is(goodsId));
        return mongoTemplate.findOne(query, Goods.class);
    }
    /**
     * 更新商品信息实现方法
     */
    @Override
    public void updateGoodsInfo(Goods goods) {
        Query query = new Query(Criteria.where("goods_id").is(goods.getGoodsId()));
        Update update = new Update();
        update.set("goods_name", goods.getGoodsName());
        update.set("producer_address", goods.getProducerAddress());
        mongoTemplate.updateFirst(query, update, Goods.class);
    }
    /**
     * 删除商品记录实现方法
     */
    @Override
    public void deleteGoods(Long goodsId) {
        mongoTemplate.remove(goodsId);
    }

}
```

实现订单类中的方法，代码如下。

```
@Service
public class OrderDaoImpl implements OrderDao {
    @Resource
    private MongoTemplate mongoTemplate;
    /**
     * 添加订单实现方法
     */
    @Override
    public void addOrder(Order order) {
        mongoTemplate.save(order);
    }
    /**
     * 获取订单实现方法
     */
    @Override
    public Order getOrderInfo(Long orderId) {
        Query query = new Query(Criteria.where("order_id").is(orderId));
        return mongoTemplate.findOne(query, Order.class);
    }
    /**
     * 更新订单实现方法
     */
    @Override
    public void updateOrderInfo(Order order) {
        Query query = new Query(Criteria.where("order_id").is(order.getOrderId()));
        Update update = new Update();
        update.set("order_note", order.getOrderNote());
        mongoTemplate.updateFirst(query, update, Order.class);
    }
    /**
     * 删除订单实现方法
     */
    @Override
    public void deleteOrder(Long orderId) {
        mongoTemplate.remove(orderId);
    }
}
```

支付方法与上面的方式一样，这里不再赘述。

12.2.4　用户方法

提供用户相关业务方法，包括新增用户、获取用户详情、更新用户详情和删除用户详情，处理用户相关逻辑的代码如下。

```
@Api(tags = "用户接口")
@RestController
@RequestMapping(value = "/users")
public class UserController {
    @Resource
    private UserDao userDao;
    /**
     * 新增用户
     */
    @PostMapping(value = "/addUser")
    @ApiOperation(value = "新增用户", notes = "使用账号密码登录", httpMethod = "POST")
    @ApiResponses({@ApiResponse(code = 400, message = "找不到指定用户号")})
    public String addUser(@RequestBody com.example.swaggerweb.Model.User user) {
        userDao.addUser(user);
        return "用户添加成功";
    }
    /**
     * 获取用户详情
     */
    @PostMapping(value = "/getUserInfo")
    @ApiOperation(value = "获取用户详情", notes = "获取用户详情", httpMethod = "POST")
    @ApiResponses({@ApiResponse(code = 400, message = "找不到指定用户号")})
    public String getUserInfo(@RequestBody Long userId) {
        return "获取用户:" + userDao.getUserInfo(userId);
    }
    /**
     * 更新用户详情
     */
    @PostMapping(value = "/updateUserInfo")
    @ApiOperation(value = "更新用户详情", notes = "更新用户详情", httpMethod = "POST")
    @ApiResponses({@ApiResponse(code = 400, message = "找不到指定用户号")})
    public String updateUserInfo(@RequestBody User user) {
        userDao.updateUser(user);
        return "用户更新成功";
    }
    /**
     * 删除用户详情
```

```
        */
    @PostMapping(value = "/deleteUser")
    @ApiOperation(value = "删除用户详情", notes = "删除用户详情", httpMethod = "POST")
    @ApiResponses({@ApiResponse(code = 400, message = "找不到指定用户号")})
    public String deleteUser(@RequestBody Long userId) {
        userDao.deleteUser(userId);
        return "用户删除成功";
    }
}
```

打开数据库，可以看到用户记录添加成功，这里发现自动生成了一个_class 字段，对应的值是类的完整包路径，如图 12-18 所示。

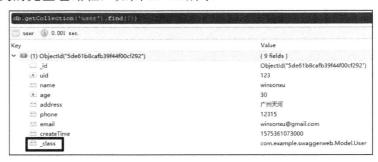

图 12-18　MongoDB 生成数据

12.2.5　订单方法

提供订单方法，作为对外的订单业务请求，包括新增订单、获取订单详情、更新订单详情和删除订单详情等，代码如下。

```
    @Api(tags = "订单接口")
    @RequestMapping("order")
    @RestController
    public class OrderController {
        @Resource
        private OrderDao orderDao;
        /**
         * 新增订单
         */
        @PostMapping(value = "/addOrder")
        @ApiOperation(value = "新增订单", notes = "新增订单", httpMethod = "POST")
        @ApiResponses({@ApiResponse(code = 400, message = "找不到指定订单号")})
        public String addOrder(@RequestBody Order order) {
            orderDao.addOrder(order);
```

```
        return "订单添加成功";
    }
    /**
     * 获取订单详情
     */
    @PostMapping(value = "/getOrderInfo")
    @ApiOperation(value = "获取订单详情", notes = "获取订单详情", httpMethod = "POST")
    @ApiResponses({@ApiResponse(code = 400, message = "找不到指定订单号")})
    public String getOrderInfo(@RequestBody Long orderId) {
        return "获取订单:" + orderDao.getOrderInfo(orderId);
    }
    /**
     * 更新订单详情
     */
    @PostMapping(value = "/updateOrderInfo")
    @ApiOperation(value = "更新订单详情", notes = "更新订单详情", httpMethod = "POST")
    @ApiResponses({@ApiResponse(code = 400, message = "找不到指定订单号")})
    public String updateOrderInfo(@RequestBody Order order) {
        orderDao.updateOrderInfo(order);
        return "订单更新成功";
    }
    /**
     * 删除订单详情
     */
    @PostMapping(value = "/deleteOrder")
    @ApiOperation(value = "删除订单详情", notes = "删除订单详情", httpMethod = "POST")
    @ApiResponses({@ApiResponse(code = 400, message = "找不到指定订单号")})
    public String deleteOrder(@RequestBody Long orderId) {
        orderDao.deleteOrder(orderId);
        return "订单删除成功";
    }
}
```

删除的记录会以 DeleteRecord（删除记录）的形式插入对应集合的删除链表中，删除的空间在下一次写入新的记录时可能会被利用上；但也有可能一直用不上而导致空间浪费。例如，某个 128 字节的记录被删除后，接下来写入的记录一直大于 128 字节，则这个 128 字节的 DeleteRecord 不能有效地被利用。

当删除很多记录时，可能产生很多不能重复利用的"存储碎片"，从而导致磁盘存储空间的大量浪费。这时可通过对集合进行 compact 来整理存储碎片。

12.2.6　支付方法

新增一个支付接口，作为处理前端的支付业务请求，添加以下方法。

（1）新增支付，用户支付完成之后调用。

（2）获取支付详情，用户查看。

（3）更新支付详情。

（4）删除支付详情，这个提供给用户删除支付过的记录。

代码如下。

```java
@Api(tags = "支付接口")
@RequestMapping("order")
@RestController
public class PayController {
    @Resource
    private PayDao payDao;
    /**
     * 新增支付
     */
    @PostMapping(value = "/addPayInfo")
    @ApiOperation(value = "新增支付", notes = "使用账号密码登录", httpMethod = "POST")
    @ApiResponses({@ApiResponse(code = 400, message = "找不到指定支付号")})
    public String addPayInfo(@RequestBody PayInfo payInfo) {
        payDao.addPay(payInfo);
        return "支付添加成功";
    }
    /**
     * 获取支付详情
     */
    @PostMapping(value = "/getPayInfoInfo")
    @ApiOperation(value = "获取支付详情", notes = "获取支付详情", httpMethod = "POST")
    @ApiResponses({@ApiResponse(code = 400, message = "找不到指定支付号")})
    public String getPayInfoInfo(@RequestBody Long payInfoId) {
        return "获取支付:" + payDao.getPayInfo(payInfoId);
    }
    /**
     * 更新支付详情
     */
    @PostMapping(value = "/updatePayInfoInfo")
    @ApiOperation(value = "更新支付详情", notes = "更新支付详情", httpMethod = "POST")
    @ApiResponses({@ApiResponse(code = 400, message = "找不到指定支付号")})
    public String updatePayInfoInfo(@RequestBody PayInfo payInfo) {
```

```
        payDao.updatePayInfo(payInfo);
        return "支付更新成功";
    }
    /**
     * 删除支付详情
     */
    @PostMapping(value = "/deletePayInfo")
    @ApiOperation(value = "删除支付详情", notes = "删除支付详情", httpMethod = "POST")
    @ApiResponses({@ApiResponse(code = 400, message = "找不到指定支付号")})
    public String deletePayInfo(@RequestBody Long payInfoId) {
        payDao.deletePay(payInfoId);
        return "支付删除成功";
    }
}
```

12.2.7　商品方法

按照上面的方法，添加商品类的业务逻辑，添加以下方法。

（1）新增商品。

（2）获取商品详情。

（3）更新商品详情，这个方法可以加上缓存。

（4）删除商品详情。

代码如下。

```
@Api(tags = "商城接口",)
@RequestMapping("goods")
@RestController
public class GoodsController {
    @Resource
    private GoodsDao goodsDao;
    /**
     * 新增商品
     */
    @PostMapping(value = "/addGoods")
    @ApiOperation(value = "新增商品", notes = "使用账号密码登录", httpMethod = "POST")
    @ApiResponses({@ApiResponse(code = 400, message = "找不到指定商品号")})
    public String addGoods(@RequestBody Goods goods) {
        goodsDao.addGoods(goods);
        return "商品添加成功";
    }
    /**
```

```
     * 获取商品详情
     */
    @PostMapping(value = "/getGoodsInfo")
    @ApiOperation(value = "获取商品详情", notes = "获取商品详情", httpMethod = "POST")
    @ApiResponses({@ApiResponse(code = 400, message = "找不到指定商品号")})
    public String getGoodsInfo(@RequestBody Long goodsId) {
        return "获取商品:" + goodsDao.getGoodsInfo(goodsId);
    }
    /**
     * 更新商品详情
     */
    @PostMapping(value = "/updateGoodsInfo")
    @ApiOperation(value = "更新商品详情", notes = "更新商品详情", httpMethod = "POST")
    @ApiResponses({@ApiResponse(code = 400, message = "找不到指定商品号")})
    public String updateGoodsInfo(@RequestBody Goods goods) {
        goodsDao.updateGoodsInfo(goods);
        return "商品更新成功";
    }
    /**
     * 删除商品详情
     */
    @PostMapping(value = "/deleteGoods")
    @ApiOperation(value = "删除商品详情", notes = "删除商品详情", httpMethod = "POST")
    @ApiResponses({@ApiResponse(code = 400, message = "找不到指定商品号")})
    public String deleteGoods(@RequestBody Long goodsId) {
        goodsDao.deleteGoods(goodsId);
        return "商品删除成功";
    }
}
```

打开 Swagger 地址,可以看到商品记录添加成功,如图 12-19 所示。

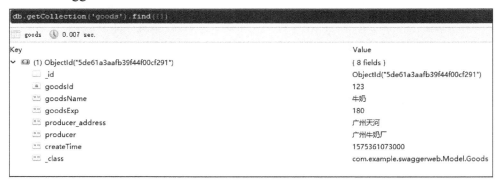

图 12-19　生成商品记录

12.3　MongoDB 高级特性

12.3.1　MongoDB 存储引擎

MongoDB 大致可以分为 3 层。

（1）对外的接口，即用户提供的增删改查等方法。

（2）存储引擎接口，连接存储引擎和外层接口的桥梁。

（3）底层存储引擎，属于 MongoDB 最核心的结构。

因为存储引擎属于 MongoDB 的核心组件，相当于数据库的发送机，主要负责数据在内存和硬盘上的读写存储，所以开发者可以通过比较不同版本的存储引擎性能来选择适合的 MongoDB 版本。MongoDB 在 3.2 以上版本开始支持多数据存储引擎，目前支持的存储引擎主要有以下几个。

（1）MMAPV1：从 MongoDB 1.0 版本到 3.2 版本默认的存储引擎，属于一款传统的旧引擎，目前在 MongoDB 4.0 版本已经被官方弃用。

（2）WiredTiger：复杂指令下读写性能比 MMAPV1 好很多，后续版本建议使用 WiredTiger。

（3）In-Memory：将数据存储在内存中，除了少量的元数据和诊断日志，In-Memory 存储引擎不会维护任何存储在硬盘上的数据，这样可以避免磁盘的 I/O 操作，减少数据查询的延迟。

（4）Mongorocks：基于开源 KV 数据库 RocksDB 实现，适用于高并发随机读写的场景。

指定存储引擎的方法如下。

```
storage:
    joural:
        engine:   wiredTiger
```

如果要改为 MMAPV1 和 Mongorocks，只要替换掉 WiredTiger 即可。下面将详细介绍 WiredTiger 引擎和 In-Memory 引擎，以及不同引擎之间的区别。

12.3.2　WiredTiger 引擎

WiredTiger 与传统的 MMAPV1 引擎一样，都是将数据存储在硬盘中进行持久化，WiredTiger 引擎具有以下几个特点。

（1）文档锁：文档是 MongoDB 的基本单元，类似关系型数据库的一条记录，WiredTiger 使用乐观锁控制读写操作的并发。

（2）检查点机制：提供指定时间点的快照，它吸收了传统关系型数据库的特点，把修改的数据从缓存写入硬盘中，减少了数据库崩溃之后的恢复时间。

（3）压缩策略：提供了 Snappy 和 Zlib 两种压缩策略。其优点是使数据占用的磁盘空间更小，节省资源；缺点是可能对 CPU 造成一定的额外消耗。

（4）Journal 日志：存储引擎（MMAPV1 和 WiredTiger 引擎都有）用来辅助存储的一种机制，一般与检查点结合使用。该日志在系统发生异常时可确保存储的数据不丢失，起着一种特殊备份存储的作用。

启用 Journal 日志可以将 storage.joural.enabled 设置为 true 来实现。

```
storage:
    joural:
        enabled:    true
```

（5）WiredTiger 可以在配置文件中指定参数"cacheSizeGB"，并设定引擎使用的内存量，此内存用于缓存工作集数据（索引、命名空间，未提交的 write、query 缓冲等）。

（6）WiredTiger 通过 B 树算法将数据集合的命名空间映射到集合的索引中，然后索引将数据同步到内存中，这样就可以极大地提高查询数据的速度。

将数据从磁盘读入内存或从内存刷新到磁盘的基本操作单位是一个内存页。

（7）MongoDB 对于事务的支持是逐渐迭代的，它在 3.2 版本支持了单文档的事务性，在 3.6 版本支持了多文档的事务性，到 4.0 版本会支持跨文档的事务性。

WiredTiger 引擎预写日志机制如下。

（1）更新数据，将存储数据写入日志文件。

（2）创建检查点，将日志文件中的记录更新到数据文件。

（3）通过日志文件还原到上次检查点操作之后发生的数据更新。

12.3.3　In–Memory 引擎

In-Memory 引擎是将数据存储在内存之中，除了一些少量的文件，不会持久化任何数据（有点类似 Redis 的机制），这样做是为了减少数据直接对磁盘进行读写操作，直接写入内存可以提高数据读写的速度。

In-Memory 引擎主要有以下几个特点。

（1）文档级别并发读写：如果一个文档修改，其他读写操作需要等待执行完成才能操作。

（2）无持久化数据存储：In-Memory 只将数据存储在内存中，不会写入到硬盘和日志文件，因此只适合短期的数据操作。

（3）oplog 记录：引擎会记录数据读写的操作到 oplog 文件中，可以通过重做 oplog 进行数据持久化存储。

12.3.4　不同存储引擎的区别

这里比较一下 MMAPV1 和 WiredTiger，MMAPV1 属于传统的旧引擎，WiredTiger 属于新引擎，两者功能点的主要区别如下。

（1）MMAPV1 引擎使用的是线性存储结构（线性双向链表结构），WiredTiger 引擎使用的是 Btree 存储结构（每个 Btree 节点对应一个页）。

（2）MMAPV1 引擎支持集合级别锁，WiredTiger 引擎支持文档级别锁。

（3）MMAPV1 引擎不支持数据压缩，WiredTiger 引擎支持 Snappy 和 Zlib 压缩模式，默认是 Snappy 压缩模式（增加空间的利用率）。

（4）MMAPV1 引擎不支持数据加密（安全性较低），WiredTiger 引擎支持数据加密（安全性强）。

12.3.5　写安全机制

MongoDB 的数据更新操作主要有以下 3 种。

（1）文档插入：执行 save 方法。

（2）文档更新：执行 update 方法。

（3）文档删除：执行 remove 方法。

这 3 种操作都用到了写过程，当执行这几个命令更新集合数据时，只是更改了数据在内存中的印象，此时数据还没有保存到磁盘上，在更新内存中的数据前，更新操作会被记录到 Journal 日志中。

写入安全是一种由客户端设置的，用于控制数据写入安全级别的机制，通过使用写入安全机制提高数据的可靠性。

MongoDB 提供 4 种写入级别，具体如下。

（1）非确认式写入（Unacknowledged）：不返回结果，无法知道数据是否写入成功，安全性最低，效率最高。

（2）确认式写入（Acknowledged）：返回结果，只能确认成功写入内存中。

（3）日志写入（Journaled）：可以判断是否写入磁盘中。

（4）复制集确认式写入（Replica Acknowledged）：数据的写操作既需要得到主节点的写入确认，也需要得到从节点的写入确认。

12.3.6　事务管理

事务（Transaction）从概念上的定义就是数据库操作的最小工作单元,通俗地说,就是将一个任务中所有操作集中到一起,形成一个完整的集合,然后规定这个集合不能被分割,在完成任务时要么所有任务都执行成功,要么所有任务都执行失败,然后回滚到初始状态,不会出现一部分执行成功而另一部分执行失败的情况。为了有一个衡量标准,事务规定了四大特性,具体如下。

（1）原子性（Atomicity）。原子性就是把事务当成一个最小单元,这个单元无法被进一步细分,事务中所有的程序指令要么都执行,要么都不执行,不能出现一部分执行而另一部分不执行的情况。

（2）一致性（Consistency）。一致性就是事务发生前后,数据完整性必须保持一致。

（3）隔离性（Isolation）。隔离性就是每个执行的事务从开始到结束的整个过程都是封闭的,各个事务之间独立进行、互不干涉。

（4）持续性（Durability）。持续性就是一个事务在执行所有操作,完成提交之后,对数据库的更改是永久性的,不允许被回滚或撤回,如果想修改,只能通过补偿性事务来实现。

除此之外,事务从低到高分为以下几大隔离级别。

（1）读取未提交内容级别（READ-UNCOMMITTED）：就是一个事务可以读取另一个未提交的事务。

（2）读取提交内容级别（READ-COMMITTED）：一个事务要等另一个事务提交后才能读取数据。

（3）可重读（REPEATABLE-READ）：在开始读取数据（事务开启）时,不再允许修改操作。

（4）串行化（SERIERLIZED）：这是最高的隔离级别,该级别通过串行化顺序执行,可以避免脏读、不可重复读与幻读。

一个事务从开始到结束有以下几个过程。

（1）获取 Session 对象。

（2）事务开始,指令为 session.start_transaction()。

（3）执行事务,执行一些数据读写操作。

（4）事务提交,指令为 session.commitTransaction()。

（5）事务回滚,指令为 session.abortTransaction()。

（6）结束事务,指令为 session.endSession()。

MongoDB 4.0 以上开始支持事务管理,这是 4.0 版本最大的一个功能更新,但它有以下几个限制。

（1）事务获取锁需要等待时间的限制。

（2）事务执行语句花费时间的限制。

（3）事务写数据操作过程中发生冲突的限制。

（4）oplog size 的限制。oplog 是本地库的一个固定集合，从节点就是通过主节点的 oplog 集合来进行数据的复制，每个节点都有 oplog，记录从主节点复制来的数据信息，然后同步给其他节点。

12.3.7　数据回滚机制

回滚（Rollback）是指程序运行的过程中出现异常，不能正常执行下去，就会恢复到上一次记录的正确状态。例如，在银行 App 转账，当转账的过程中发生异常时，程序会马上回滚到转账前的状态，账户中的钱也不会少。目前回滚适用于支持事务的版本是 MongoDB 4.0 以上。

事务要保证在开始到结束过程中的一系列语句执行要么成功，要么回滚到第一条操作之前，这体现了数据的一致性特点。但回滚要在事务未提交之前，如果事务已经提交，就无法进行回滚操作了。

12.3.8　MongoDB 数据备份

数据备份是非常重要的一环，如果误删了数据但没有备份，对于项目是灾难性的。因此在开发中要养成良好的备份习惯。

可以通过 mongodump 命令来备份数据，命令脚本如下。

```
mongodump -h  127.0.0.1:27017 -d  db_name  -o  /var/db/data/
```

这里说明一下几个参数。

（1）-h：指定 MongoDB 服务器地址，这里配置的是本地的 MongoDB 地址 127.0.0.1:27017。

（2）-d：需要备份的数据库名称。

（3）-o：备份的数据存储位置。

可以设置一个定时任务，定时执行数据备份脚本，当数据库被误删时可以根据 mongorestore 命令来恢复。

```
mongorestore -h127.0.0.1:27017 -d db_name   /var/db/data
```

12.3.9   MongoDB 内存释放

在使用 MongoDB 进行操作时，频繁的查询会大量消耗内存资源，因此需要对 MongoDB 的内存使用情况进行监控，并且在适当的时候释放内存。

释放内存的方法是通过 Mongo 指令，进入 mongod 的目录（一般是在/usr/bin/ 下）：

```
./mongod --config   /mongod.conf --fork --wiredTigerCacheSizeGB 32
```

这里的参数"--wiredTigerCacheSizeGB 32"设置缓存占用服务器内存大小上限为 32GB。

12.3.10   MongoDB 复制集

复制集也称为副本集，它由一组 MongoDB 实例组成，复制集的基本结构包括一个主节点和多个从节点。

（1）一个主节点：客户端的数据都写入主节点。

（2）多个从节点：同步主节点的数据。

复制集的目的是保证存储的数据能备份在多个节点中，当某一个或某几个节点因为一些原因导致数据不可用时，不会影响到整个服务；一般主节点作为写数据库，从节点作为读数据库。

12.3.11   MongoDB 元数据

元数据（Metadata），通俗地讲就是描述数据的数据。元数据类似键值对，它包含两个结构：元数据标题和元数据内容。

MongoDB 的元数据就是对 MongoDB 数据库的一种描述。

（1）数据库集合信息：如命名空间、索引、有权限访问数据集合的用户等。

（2）数据类型：如字符串（String）、整型（Integer）、布尔型（Boolean）等。

12.3.12   MongoDB 分片

分片，简单来说就是将单台服务器的数据按照规则分配到不同服务器，这样可以解决单台服务器超负荷存储和处理数据的问题，因此通过服务器集群分割数据，使数据库服务器能存储指数增长的数据量。

数据库分片有两个基本的方法：垂直扩展和水平扩展。

（1）垂直扩展：改动表结构，将不同业务的数据表放在不同的数据库中，如与用户相关的表放在 User 数据库，与订单相关的表放在 Order 数据库。

（2）水平扩展：将数据库和表分布在多个服务器上，水平扩展和分片是一样的概念。

MongoDB 分片需要搭建 3 个服务集群，每个服务器集群建议至少 3 台服务器。

- 分片服务集群（Shard Service）：存储实际的数据，保存数据信息。
- 配置服务集群（Config Service）：负责存储集群和分片元数据。
- 路由服务集群（Routers Service）：从配置服务器加载集群信息。

分片流程如下。

（1）选择一个索引作为片键来拆分数据库。

（2）启动配置服务器集群 RedisConfigServerCluster。修改配置文件的相关信息，包括端口号、数据存储目录、日志文件存储目录等，代码如下。

```
port=27017                                      #端口号
dbpath=/data/MongoDB/MongoDB_config             #数据存储目录
logpath=/data/MongoDB/logs/MongoDB_config.log   #日志文件存储目录
logappend=true
fork=true
maxConns=3000
storageEngine=wiredTiger                         #存储引擎
configsvr=true                                   #开启配置服务器
```

（3）启动路由服务器集群 RedisRouteServerCluster。

（4）启动分片服务器集群 RedisShardServerCluster。

```
port=47017                                      #服务端口号
dbpath=/data/MongoDB/MongoDB_shard              #数据存储目录
logpath=/data/MongoDB/logs/MongoDB_shard.log    #日志文件存储目录
logappend=true
fork=true
maxConns=3000
storageEngine=wiredTiger

shardsvr=true                                    #启动分片服务器
```

（5）启动分片存储功能。

12.4　本章小结

本章通过一个实例介绍了 MongoDB 的操作流程及一些高级特性。MongoDB 作为一款高性能的非关系型数据库，由于它部署简单、易于使用、不用维护复杂表关系的特点而受到越来越多开发者的青睐，尤其是它在 4.0 版本中支持事务的特点，会让更多企业将数据库从原来的 MySQL、Oracle 等传统数据库中迁移过来。

## 第13章

Redis 缓存

Redis 是一个开源的基于内存操作的非关系型数据库。由于 Redis 基于内存操作存储数据，它对数据的读写是非常快速的。因为一般的数据库是基于硬盘读写，所以在性能上比 Redis 差了很多。目前，Redis 已经成为各种项目中缓存的首选。除此之外，MemCache 也是开发者常用的方案。

Redis 的应用场景很多，尤其是高并发等大量查询的情况，如电商活动、秒杀活动等。Redis 的作用就是减少海量业务对数据库的查询请求，极大地减轻了数据库服务器的负担，使其承担更多其他重要的任务。

13.1　Redis 的基础用法

本节的主要内容是安装和配置好 Redis 环境，并推荐一款简单易用的 Redis 可视化客户端。

13.1.1　Redis 的安装和启动

Redis 官网提供了下载地址：https://redis.io/。

下载完成之后解压到本地，可以看到目录下有不少安装文件，如图 13-1 所示。

dump.rdb	2019/11/22 16:16	RDB 文件	1 KB
libhiredis.dll	2011/12/28 20:51	应用程序扩展	65 KB
redis.bat	2019/3/21 15:50	Windows 批处理...	1 KB
redis.conf	2019/3/21 15:43	CONF 文件	1 KB
redis-benchmark.exe	2011/12/28 20:51	应用程序	78 KB
redis-check-aof.exe	2011/12/28 20:51	应用程序	44 KB
redis-check-dump.exe	2011/12/28 20:51	应用程序	78 KB
redis-cli.exe	2011/12/28 20:51	应用程序	94 KB
redis-server.exe	2011/12/28 20:51	应用程序	278 KB
tmp.redis.conf	2011/11/6 22:43	CONF 文件	21 KB

图 13-1　Redis 安装文件

其中，redis-server.exe 是启动文件，redis.conf 是配置文件，用于设置 Redis 各项配置，打开 redis.conf 可以看到如下配置。

```
daemonize no
pidfile /var/run/redis.pid
port 6379
timeout 0

loglevel verbose
logfile stdout
databases 16
save 900 1
save 300 10
save 60 10000
rdbcompression yes

dbfilename dump.rdb
dir ./
slave-serve-stale-data yes
appendonly no
appendfsync everysec
no-appendfsync-on-rewrite no

auto-aof-rewrite-percentage 100
auto-aof-rewrite-min-size 64mb
slowlog-log-slower-than 10000
slowlog-max-len 1024

vm-enabled no
vm-swap-file /tmp/redis.swap
vm-max-memory 0
vm-page-size 32
vm-pages 134217728
```

```
vm-max-threads 4

hash-max-zipmap-entries 512
hash-max-zipmap-value 64
list-max-ziplist-entries 512
list-max-ziplist-value 64
set-max-intset-entries 512
zset-max-ziplist-entries 128
zset-max-ziplist-value 64
activerehashing yes
```

上面可以看到很多参数配置，如端口号，这里默认为 6379，还有超时时间设置、主从复制设置等，开发者可以根据自己的需求设置对应的 redis 属性，这里直接采用默认的配置。

Redis 启动指令为：

```
redis-server.exe   redis.conf
```

前面最好加上绝对路径，然后写成一个 bat 或 shell 启动文件，这样每次启动时可以直接执行脚本，不用重复输入指令了。

13.1.2　Redis 可视化客户端

Redis 可视化客户端有很多，这里推荐 RDM（Redis Desktop Manager），下载地址为 https://redisdesktop.com/。

安装的方式很简单，双击可执行文件，弹出安装对话框，按照提示一步步安装，如图 13-2 所示。

图 13-2　RDM 安装提示

选择安装路径时默认 C 盘，可以修改本地安装路径，如图 13-3 所示。

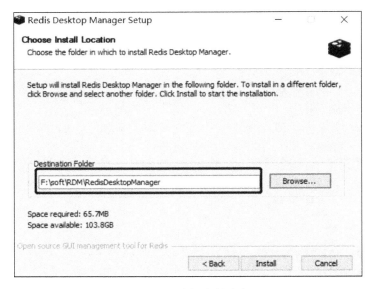

图 13-3　选择安装路径

这里单击 Install 按钮，出现安装进度对话框，如图 13-4 所示。

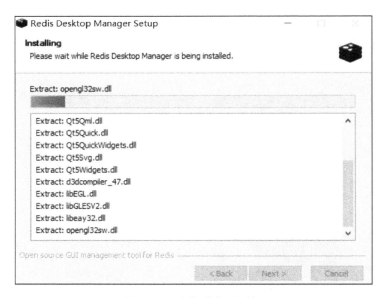

图 13-4　安装进度对话框

安装完成之后默认打开客户端，如图 13-5 所示。

图 13-5　完成安装

打开 RDM 客户端主页面，如图 13-6 所示。

图 13-6　RDM 客户端主页面

可以看出界面很简洁，操作简单，适合新手，左边是 Redis db 列表，默认为 15 个，可以在配置中修改；右边是具体的值，可以进行增加、删除、修改、查询、重命名、设置有效时间等设置。

13.2　Redis 实例

本节内容包括 Redis 和 Spring Boot Jedis 的 Maven 依赖、文件配置，以及简单的操作方法。

13.2.1　Redis 组件

首先创建一个 Spring Boot 工程，在 pom.xml 中引入以下几个 Maven 依赖。

（1）基础版本 spring-boot-starter-parent 是当前最新的 2.0.2。

```
<parent>
    <groupId>org.springframework.boot</groupId>
    <artifactId>spring-boot-starter-parent</artifactId>
    <version>2.0.2.RELEASE</version>
    <relativePath/>
</parent>
```

（2）加入 Redis 依赖 spring-boot-starter-data-redis。

```
<dependency>
    <groupId>org.springframework.boot</groupId>
    <artifactId>spring-boot-starter-data-redis</artifactId>
</dependency>
```

（3）添加 Web 依赖 spring-boot-starter-web。

```
<dependency>
    <groupId>org.springframework.boot</groupId>
    <artifactId>spring-boot-starter-web</artifactId>
</dependency>
```

13.2.2　Redis 信息配置

下面配置 Redis 的主要信息。

（1）配置 Redis 服务器地址（本地启动输入 127.0.0.1 或 localhost）。

```
spring:
    Redis:
        host: localhost
```

（2）配置 Redis 服务器连接端口号，默认为 6379。

```
spring:
    redis:
        port: 6379
```

（3）配置 Redis 服务器连接密码，默认为空，一般要设置一个比较复杂的密码。

```
spring:
    redis:
        password:123PsdSp@^
```

（4）配置 Redis 数据库索引（默认为 0）。

```
spring:
    redis:
```

```
        database：0
```

（5）配置连接池最大连接数，使用负值表示连接池没有限制。

```
spring：
    redis：
        pool：
            max-active：20
```

（6）配置连接池最大阻塞等待时间，使用负值则表示等待时间没有限制。

```
Spring：
    Redis：
        Pool：
            max-wait：-1
```

（7）配置连接池中的最大空闲连接。

```
spring：
    redis：
        pool：
            max-idle：10
```

（8）配置连接池中的最小空闲连接。

```
spring：
    redis：
        pool：
            min-idle：0
```

（9）配置连接超时时间，单位为毫秒。

```
spring：
    redis：
        timeout: 0
```

完整配置如下。

```
spring：
    redis：
        host: localhost
        port: 6379
        database: 0
        lettuce：
            pool：
                max-active: 8
                max-wait: 1ms
                max-idle: 10
                min-idle: 5
```

在开发中可以根据实际情况调整相关参数。

13.2.3　Redis key 值存在判断

用 stringRedisTemplate.hasKey(key)方法判断是否存在 key。

```
@RequestMapping("/hasKey")
public Boolean hasKey(@RequestParam String key) {
    return stringRedisTemplate.hasKey(key);
}
```

请求效果如图 13-7 所示。

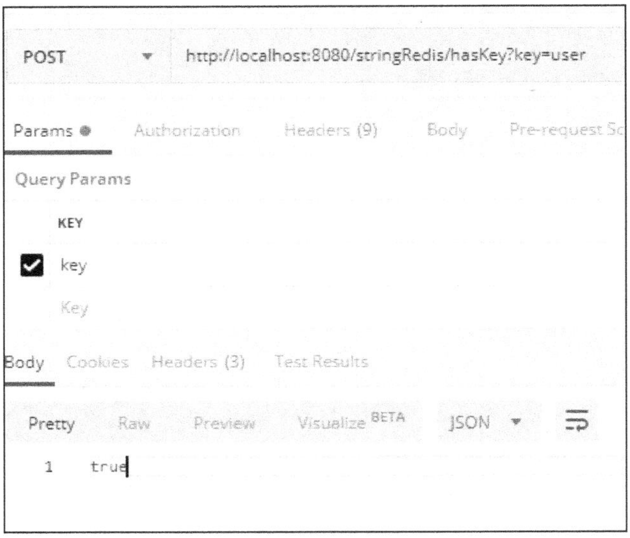

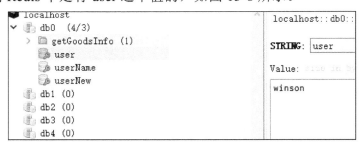

图 13-7　请求效果

可以看到 Redis 中是有 user 这个值的，如图 13-8 所示。

图 13-8　判断 key 值是否存在

13.2.4　Redis 设置 key 值

通过 stringRedisTemplate.opsForValue().set(key, value)方法设定 key 值，代码如下。

```
@RequestMapping("/setKey")
public void setKey(@RequestParam String key, @RequestParam String value) {
    stringRedisTemplate.opsForValue().set(key, value);
}
```

设置成功后，刷新 db0，效果如图 13-9 所示。

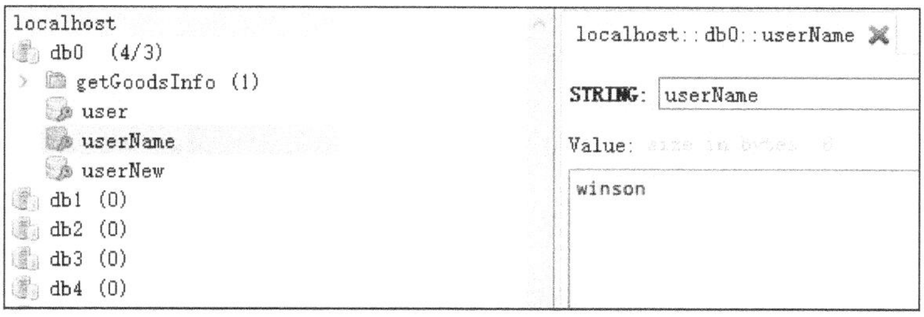

图 13-9　设置 key 值

如果已经存在 key 值，就会覆盖原来的 key 值，如图 13-10 所示。

图 13-10　更新 key 值

刷新 db0，就可以看到原来的值已经更新为 Mike 了，效果如图 13-11 所示。

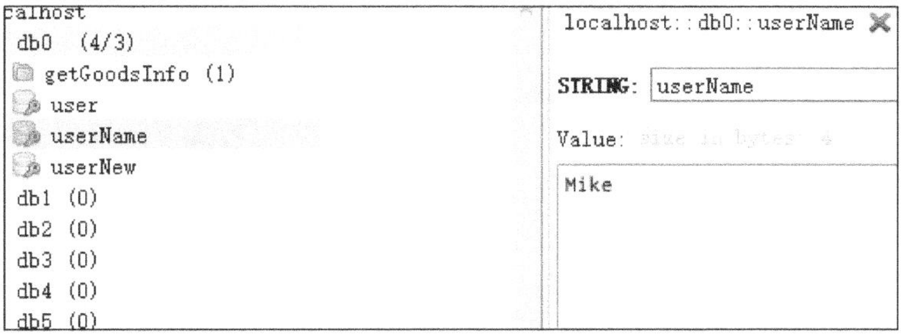

图 13-11　设置值覆盖旧的值

如果不需要覆盖原有的旧值，可以用 setIfAbsent 方法，代码如下。

```
@RequestMapping("/setIfAbsent")
    public void setIfAbsent(@RequestParam String key, @RequestParam String value) {
        stringRedisTemplate.opsForValue().setIfAbsent(key, value);
    }
```

13.2.5　Redis 获取 key 值

通过 stringRedisTemplate.opsForValue().get(key)方法获取指定 key 的值，代码如下。

```
@RequestMapping("/getKey")
public String getKey(@RequestParam String key) {
    return    stringRedisTemplate.opsForValue().get(key);
}
```

请求效果如图 13-12 所示。

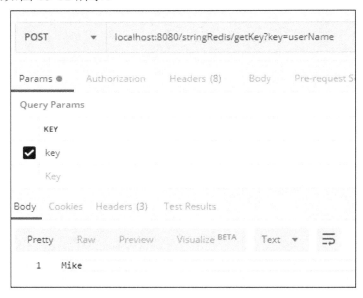

图 13-12　获取 key 值

13.2.6　Redis 缓存值

通过 stringRedisTemplate.boundValueOps(key).increment()方法给缓存值做增减操作，前提是 key 的值必须是整数（正数表示增，负数表示减）。代码如下。

```
@RequestMapping("/increment")
public Long increment(@RequestParam String key, @RequestParam int num) {
```

```
return stringRedisTemplate.boundValueOps(key).increment(num);
}
```

Postman 请求效果如图 13-13 所示。

图 13-13 设置 key 值

刷新 db0，可以看到增加了一个 key userAge 值，如图 13-14 所示。

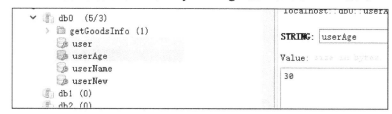

图 13-14 新增的 key userAge 值

然后给这个值做增加操作，如图 13-15 所示。

图 13-15 Redis 值增加操作

可以看到返回值，然后去 RDM 上刷新 db0，可以看到 userAge 的值也更新了，效果如图 13-16 所示。

图 13-16　更新 Redis 值结果

接下来做减法操作，给 num 设置一个负数−35，可以看到返回值 5，如图 13-17 所示。

图 13-17　Redis 值减法操作

然后去 RDM 上刷新 db0，可以看到 userAge 已经更新为 5 了，如图 13-18 所示。

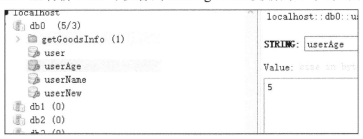

图 13-18　userAge 值更新为 5

13.2.7　Redis 缓存时间

通过 stringRedisTemplate.opsForValue().set(key, value, time, TimeUnit.SECONDS) 方法向 Redis 中存入数据（字符串类型）和设置 long 类型的缓存时间。

```
@RequestMapping("/setExpireTime")
public void setExpireTime(String key,String value,long time) {
    stringRedisTemplate.opsForValue().set(key, value, time, TimeUnit.SECONDS);
}
```

请求效果如图 13-19 所示。

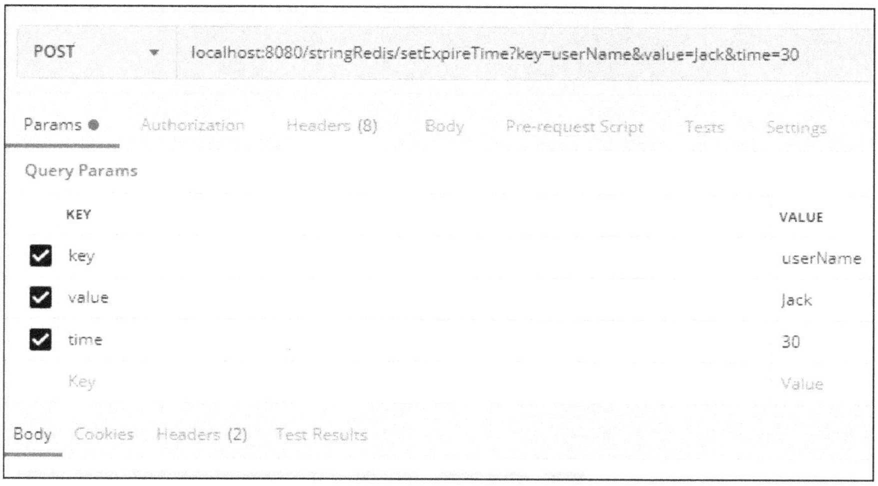

图 13-19　设置缓存值

打开缓存值详情页面，可以看到缓存生存时间值 TTL（Time To Live）的数值减少了，如图 13-20 所示。

图 13-20　TTL 值时间计时减少

30s 后刷新时，发现 userName 的 key 值已经过期失效了，如图 13-21 所示。

图 13-21　过期失效 key 值

13.2.8　Redis 缓存过期时间设置

一个缓存值如果初始设置了过期时间，后来因为业务关系需要更改过期时间，就可以通过 stringRedisTemplate.expire()方法重新设置过期时间。

```
public Boolean expire(String key) {
    return stringRedisTemplate.expire("red_123", 1000, TimeUnit.MILLISECONDS);
}
```

请求效果如图 13-22 所示。

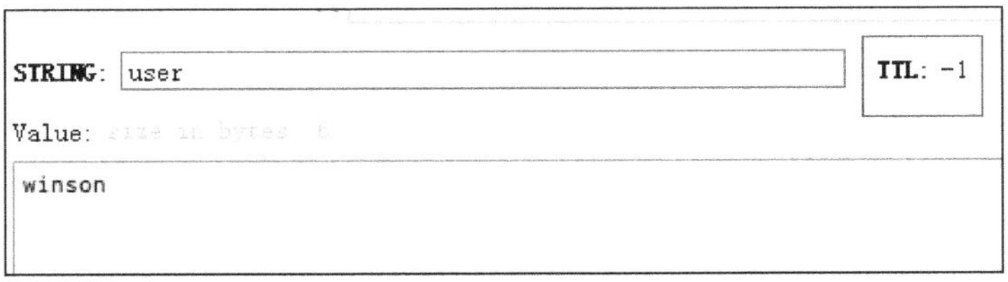

图 13-22　重新设置过期时间

可以修改缓存值重置过期时间，如图 13-23 所示。

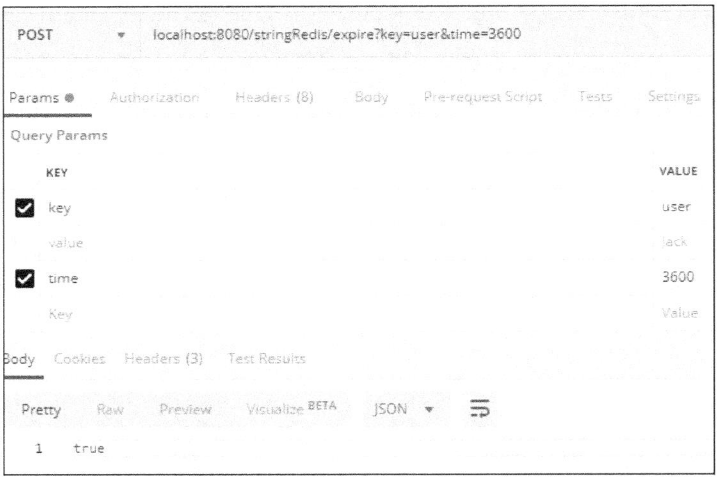

图 13-23　重置过期时间

可以看到缓存时间 TTL 已经开始递减了，如图 13-24 所示。

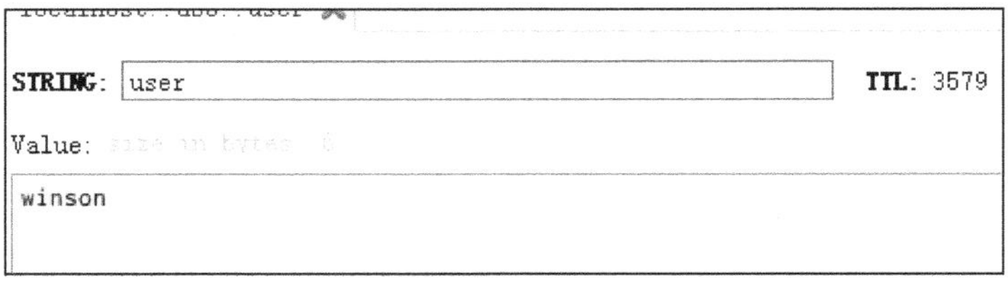

图 13-24　缓存过期时间递减

13.2.9　Redis 获取缓存时间

有时需要判断缓存时间的长短，可以通过 stringRedisTemplate.getExpire()方法获取缓存时间。

```
@RequestMapping("/getExpireTime")
    public Long getExpireTime(String key) {
        return stringRedisTemplate.getExpire(key);
    }
```

请求效果如图 13-25 所示。

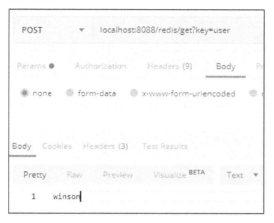

图 13-25　Redis 获取缓存时间

13.2.10　Redis 缓存删除

如果某个缓存已经被废弃或不需要了，可以通过 stringRedisTemplate.delete(key)方法根据 key 删除缓存，这样可以节省出空间。

```
@RequestMapping("/delete")
public Boolean delete(String key) {
    return stringRedisTemplate.delete(key);
}
```

效果如图 13-26 所示。

图 13-26　删除缓存

Delete 请求效果如图 13-27 所示。

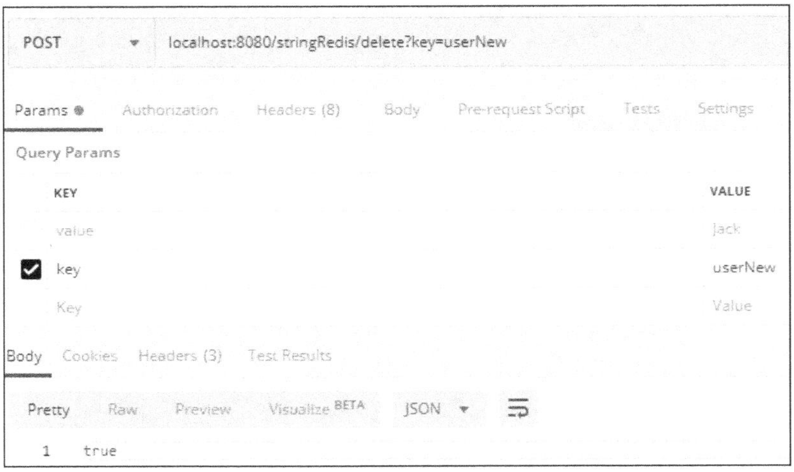

图 13-27　Delete 请求效果

可以看到 userNew 已经被删除了，如图 13-28 所示。

图 13-28　userNew 被删除

13.2.11　Redis 缓存集合添加

如果需要添加的缓存是一个集合，可以通过 stringRedisTemplate.opsForSet().add(key, value)方法向指定 key 中存放 set 集合。

```
@RequestMapping("/add")
public Long add(String key, String... value) {
    return stringRedisTemplate.opsForSet().add(key, value);
}
```

请求效果如图 13-29 所示。

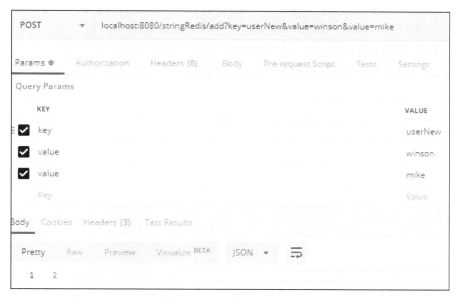

图 13-29 添加缓存集合

然后刷新查看添加的缓存集合，效果如图 13-30 所示。

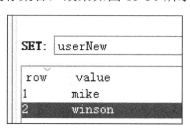

图 13-30 查看添加的缓存集合

13.2.12 Redis 缓存集合查询

根据 key 查看集合中是否存在指定数据，可以通过 stringRedisTemplate.opsForSet().isMember 方法来实现。

```
@RequestMapping("/isMember")
    public Boolean isMember(String key, String value) {
        return stringRedisTemplate.opsForSet().isMember(key, value);
    }
```

用 Postman 请求，效果如图 13-31 所示。

图 13-31　Redis 缓存集合查询

Redis 实现分布式锁比较常用的方法是通过 setnx 指令,当且仅当 key 不存在时,通过 set 指令,设置一个 key 命令为 val 的字符串,返回 1;若 key 存在,则什么都不做,返回 0。

设置超时时间:以秒为单位设置一个超时时间,超过这个时间锁会自动释放,避免死锁。

使用 setnx 指令对数据进行加锁,若返回 1,则说明加锁成功,并设置超时时间,避免系统请求没有响应或响应异常,导致锁无法释放。若锁没有正常释放,则需要在 finally 方法中通过 delete 命令手动释放。

若需要设置超时等待时间,则可以添加 while 循环,在获取不到锁的情况下,进行循环获取锁,超时了就会退出。

13.2.13　Redis 根据 key 获取 set 集合

如果 Redis 根据 key 获取 set 集合,可以通过 stringRedisTemplate.ops ForSet(). members()方法来实现。

```
@RequestMapping("/members")
public Set members(String key) {
    return stringRedisTemplate.opsForSet().members(key);
}
```

通过 Postman 工具来获取集合请求,如图 13-32 所示。

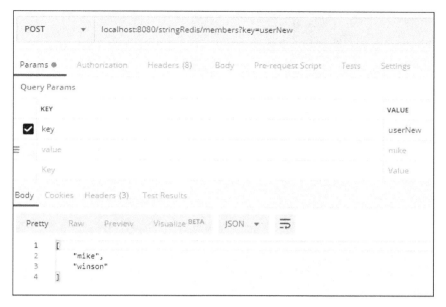

图 13-32　Redis 根据 key 获取 set 集合

13.2.14　Redis 整合缓存方法

根据定义的方法，整合成一个公共的工具类，其完整代码如下。

```
@RestController
@RequestMapping("stringRedis")
public class StringRedisController {
    @Resource
    private StringRedisTemplate stringRedisTemplate;
    /**
     * key 值存在判断
     */
    @RequestMapping("/hasKey")
    public Boolean hasKey(@RequestParam String key) {
        return stringRedisTemplate.hasKey(key);
    }
    /**
     * key 值设定
     */
    @RequestMapping("/setKey")
    public void setKey(@RequestParam String key, @RequestParam String value) {
        stringRedisTemplate.opsForValue().set(key, value);
    }
```

```java
/**
 * 获取 key 值
 */
@RequestMapping("/getKey")
public String getKey(@RequestParam String key) {
    return stringRedisTemplate.opsForValue().get(key);
}
/**
 * 缓存值增减
 */
@RequestMapping("/increment")
public Long increment(@RequestParam String key, @RequestParam int num) {
    return stringRedisTemplate.boundValueOps(key).increment(num);
}
/**
 * 设置缓存时间
 */
@RequestMapping("/setExpireTime")
public void setExpireTime(String key, String value, long time) {
    stringRedisTemplate.opsForValue().set(key, value, time, TimeUnit.SECONDS);
}
/**
 * 缓存过期时间
 */
@RequestMapping("/expire")
public Boolean expire(String key, long time) {
    return stringRedisTemplate.expire(key, time, TimeUnit.SECONDS);
}
/**
 * 获取缓存时间
 */
@RequestMapping("/getExpireTime")
public Long getExpireTime(String key) {
    return stringRedisTemplate.getExpire(key);
}
/**
 * 缓存删除
 */
```

```
@RequestMapping("/delete")
public Boolean delete(String key) {
    return stringRedisTemplate.delete(key);
}
/**
 * 缓存集合增加
 */
@RequestMapping("/add")
public Long add(String key, String... value) {
    return stringRedisTemplate.opsForSet().add(key, value);
}
/**
 * 缓存集合查询
 */
@RequestMapping("/isMember")
public Boolean isMember(String key, String value) {
    return stringRedisTemplate.opsForSet().isMember(key, value);
}
/**
 * 根据 key 获取 set 集合
 */
@RequestMapping("/members")
public Set members(String key) {
    return stringRedisTemplate.opsForSet().members(key);
}
}
```

13.2.15　设置 key 在指定时间过期

下面的方法可以用作定时开启的活动任务配置定义。

```
@RequestMapping("/setKeyTime")
public Boolean setKeyTime(String key, Date date) {
    return redisTemplate.expireAt(key, date);
}
```

假设设置活动时间为 2019 年 12 月 12 日凌晨开始，如图 13-33 所示。

图 13-33　Redis 指定 key 值过期时间

刷新 db0，如图 13-34 所示。

图 13-34　key 过期时间刷新

13.2.16　模糊匹配删除 key

假如要删除 user 前缀的 key，可以通过模糊匹配的方式来实现，如图 13-35 所示。

图 13-35　模糊匹配删除

增加一个删除方法，调用 redisTemplate.delete(keys)命令进行删除操作，代码如下。

```
@RequestMapping("/delete")
public Long delete(String pattern) {
    Set<String> keys = redisTemplate.keys(pattern);
    return redisTemplate.delete(keys);
}
```

这里的"user*"表示 user 为开头的字符串，效果如图 13-36 所示。

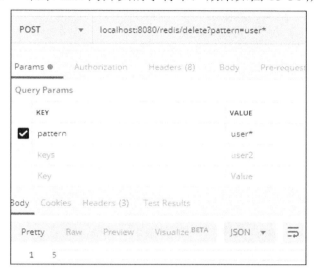

图 13-36　模糊匹配删除请求

可以看到 user 前缀的 key 已经删除，刷新效果如图 13-37 所示。

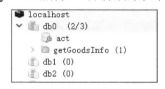

图 13-37　刷新效果

如果要指定删除的 key，可以用集合删除的方式来实现，代码如下。

```
@RequestMapping("/delete")
public Long delete(String... keys) {
    Set<String> kSet = Stream.of(keys).collect(Collectors.toSet());
    return redisTemplate.delete(kSet);
}
```

13.2.17　持久化 key

如果要持久化一个缓存值，可以通过 persist 方法持久化 Redis 值，代码如下。

```
@RequestMapping("/persistKey")
public Boolean persistKey(String key) {
    return redisTemplate.persist(key);
}
```

用 Postman 请求，效果如图 13-38 所示。

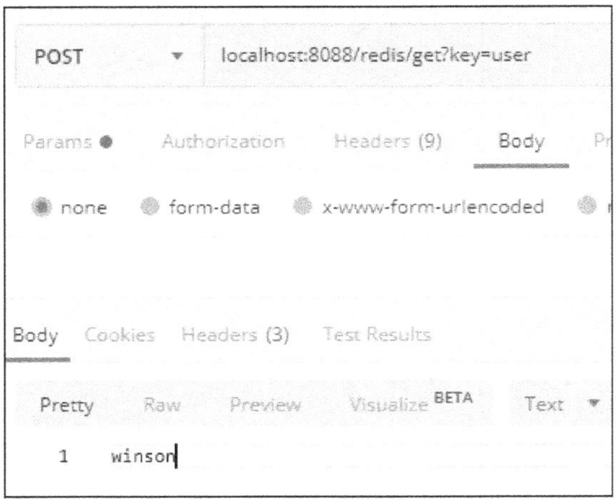

图 13-38　持久化单个 key

这里的持久化只是取消了过期时间，但其数据还存储在缓存中。

Redis 提供了两种方式进行数据持久化。

（1）RDB 持久化（Relational Database），原理是将内存中的 Redis 数据库记录定时备份到磁盘或硬盘中，如果内存中的数据丢失，就可以从硬盘数据中恢复。

Redis 在持久化时会调用 glibc 的函数 fork 产生一个子进程，快照持久化完全交给子进程来处理，父进程继续处理客户端请求。子进程刚刚产生时，它与父进程共享内存中的代码段和数据段。

fork 函数会在父子进程同时返回，在父进程中返回子进程的 pid，在子进程中返回零。如果操作系统内存资源不足，pid 就会是负数，表示 fork 失败。

这时就会使用操作系统的 COW 机制进行数据段页面的分离。数据段由很多操作系统的页面组合而成，当父进程对其中一个页面的数据进行修改时，会将被共享的页面复制一份分离出来，然后对复制的页面进行修改。

这时子进程相应的页面是没有变化的，还是进程产生时那一瞬间的数据。

（2）AOF（Append Only File）持久化，原理是将 Reids 的操作日志追加到读写文件中。

AOF 日志存储的是 Redis 服务器的顺序指令序列，AOF 日志只记录对内存进行修改的指令记录。假设 AOF 日志记录了自 Redis 实例创建以来所有的修改性指令序列，那么可以通过对一个空的 Redis 实例顺序执行所有的指令，即通过重放来恢复 Redis 当前实例的内存数据结构的状态。

　　Redis 在项目长期运行和业务量不断增长的过程中，AOF 的日志文件会变得越来越大。当应用实例宕机重启时，重放整个 AOF 日志会消耗非常多的时间，导致长时间 Redis 无法对外提供服务，所以需要定时对 AOF 日志进行重写瘦身。

13.2.18　哈希存储

　　哈希存储的主要原理是以关键字 Key 为自变量，通过一定的函数关系（散列函数或哈希函数）计算出对应的函数值（哈希地址），以这个值作为数据元素的地址，并将数据元素存储到相应地址的存储单元中，如果要存储哈希值，可以通过 redisTemplate.opsForHash().putAll()方法来实现，代码如下。

```
@RequestMapping("/putHashKey")
public void putHashKey(@RequestParam String key,
@RequestBody Map<String, Object> params) {
        redisTemplate.opsForHash().putAll(key, params);
}
```

存储哈希值做一个 post 请求，如图 13-39 所示。

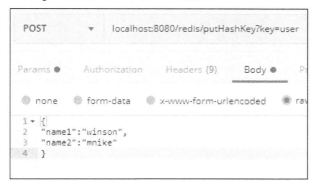

图 13-39　哈希存储请求

然后刷新 db0，可以看到已经写入 Redis 的哈希值，如图 13-40 所示。

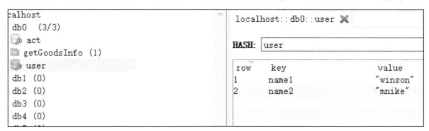

图 13-40　写入哈希值

13.2.19　读取哈希值

如果要读取哈希值，可以通过 redisTemplate.opsForHash().entries()方法来实现，代码如下。

```
    @RequestMapping("/getHashKey")
public Map<Object, Object> getHashKey(String key) {
    return redisTemplate.opsForHash().entries(key);
}
```

哈希值读取如图 13-41 所示。

图 13-41　哈希值读取

13.2.20　删除哈希值

如果要删除哈希值，可以通过 redisTemplate.opsForHash().delete()方法来实现，代码如下。

```
    @RequestMapping("/deleteHashKey")
public Long deleteHashKey(String key, String field) {
    return redisTemplate.opsForHash().delete(key, field);
}
```

然后 Postman 请求删除接口进行哈希值删除，如图 13-42 所示。

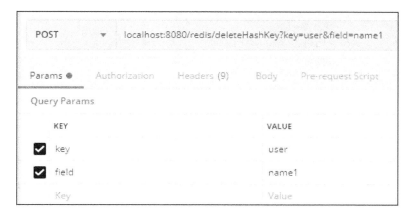

图 13-42　删除哈希值

刷新数据，可以看到 name1 已经被删除了，结果如图 13-43 所示。

HASH: user

row	key	value
1	name2	"mnike"

图 13-43　删除哈希值结果

这里用到了 map，Redis 的 map 又称为 hash，map 内部的 key 和 value 不能再嵌套 map，只能是整型、浮点型或字符串，map 主要由 hashtable 和 ziplist 两种承载方式实现，对于数据量较小的 map，采用 ziplist 实现。

完整代码如下。

```java
@RestController
@RequestMapping("redis")
public class RedisController {
    @Resource
    private RedisTemplate<String, String> redisTemplate;
    /**
     * 设置 key 在指定时间过期，可以用作定时开启的活动任务配置
     */
    @RequestMapping("/setKeyTime")
    public Boolean setKeyTime(String key, Date date) {
        return redisTemplate.expireAt(key, date);
    }
    /**
     * key 值设定
     */
```

```java
@RequestMapping("/setKey")
public void setKey(@RequestParam String key, @RequestParam String value) {
    redisTemplate.opsForValue().set(key, value);
}
/**
 * 删除多个 key
 */
@RequestMapping("/delete")
public Long delete(String pattern) {
    Set<String> keys = redisTemplate.keys(pattern);
    return redisTemplate.delete(keys);
}


/**
 * 持久化 key
 */
@RequestMapping("/persistKey")
public Boolean persistKey(String key) {
    return redisTemplate.persist(key);
}
/**
 * 存储哈希值
 */
@RequestMapping("/putHashKey")
public void putHashKey(@RequestParam String key, @RequestBody Map<String, Object
> params) {

    redisTemplate.opsForHash().putAll(key, params);
}
/**
 * 获取哈希值
 */
@RequestMapping("/getHashKey")
public Map<Object, Object> getHashKey(String key) {
    return redisTemplate.opsForHash().entries(key);
}
/**
 * 删除哈希值
 */
@RequestMapping("/deleteHashKey")
public Long deleteHashKey(String key, String field) {
    return redisTemplate.opsForHash().delete(key, field);
}
```

```
public static void main(String[] args) throws Exception {
    DateFormat dateFormat = new SimpleDateFormat("yyyy-MM-dd HH:mm:ss");
    long time = dateFormat.parse("2019-12-12 00:00:00").getTime();
    Date date = new Date(time);
    System.out.println("date:" + date);
    }
}
```

13.3　Redis 高级特性

13.3.1　Redis 内部结构

Redis 本质上是一个 key/value 类型的数据库，每个 key 都属于字符串类型，value 则包含以下几种类型。

（1）字符串 string 类型。

（2）哈希 hash 类型。

（3）列表 list 类型。

（4）集合 set 类型，属于无序集合。

（5）有序集合 zset 类型。

13.3.2　最大缓存配置

在 Redis 中，需要控制服务器最大内存占用，因为一台服务器可能部署不止一个 Redis 服务，所以最好根据服务器的总内存设置一个最大内存值。

例如，如果服务器总内存是 50GB，那么可以把 40GB 设置为内存最大限制，其 Redis.conf 配置如下。

```
# maxmemory <bytes>
maxmemory 42949672960
```

这里的单位用字节(Byte)。当 Redis 内存数据总和达到一定限制时，就会实行数据淘汰策略。

13.3.3　Redis 容量估算

在配置 Redis 服务器时，一般会根据业务量大小选择 Redis 服务器的容量，做到物尽其用，内存太小会导致不够用，内存太大会造成浪费。

因为在实际使用的情况中，kv 值可能存在各种类型，就以字符串来计算，在 UTF-8 编码下，一个英文字母和数字占一个字节，一个汉字占用 4 个字节，按照一个键值对平均占用 100 个字节计算，那么 1GB 的内存大约可以存 1000 万条数据，如果一个请求需要创建 10 条缓存数据，那么 1GB 的内存就可以接收 100 万次请求，如果按照日活跃用户数量为 10 万人以上计算（假如都是新用户的请求），那么 10 天之内 1GB 内存就会爆满，如果按照一年的量进行考虑，就需要大约 40GB 的内存，若再加上为了预防异常情况，则需要 50GB 的内存。

当然这只是简单的估算，实际情况要复杂得多，但无论选定多少，都要经常监控 Redis 服务器的使用情况，保证业务的稳定。

13.3.4　Redis 数据淘汰策略

Redis 3.0 版本目前支持 6 种数据淘汰策略。

（1）volatile-lru：从已设置过期时间的数据集中挑选最近最少使用的数据淘汰。

（2）volatile-ttl：从已设置过期时间的数据集中挑选将要过期的数据淘汰。

（3）volatile-random：从已设置过期时间的数据集中任意选择数据淘汰。

（4）allkeys-lru：从数据集中挑选最近最少使用的数据淘汰。

（5）allkeys-random：从数据集中任意选择数据淘汰。

（6）no-enviction（驱逐）：禁止驱逐数据。

最好为 Redis 指定一种有效的数据淘汰策略以配合最大内存设置，避免在内存使用满后发生写入失败的情况。使用建议如下。

（1）官方推荐使用的策略是 volatile-lru，并辨识 Redis 中保存数据的重要性。

（2）对于那些重要的不能丢弃的数据（如配置类数据等），就没必要设置有效期，这样 Redis 就永远不会淘汰这些数据。

（3）对于那些重要性程度较低并且能够热加载的数据，如缓存最近登录的用户信息，当在 Redis 中找不到时，程序会去 DB 中读取，可以设置有效期，这样在内存不够时 Redis 就会淘汰这部分数据。

（4）不同的 key 设置不同的过期时间，让缓存失效的时间点尽量均匀。

13.3.5　Redis 缓存算法

Redis 的缓存算法有以下 3 种。

（1）FIFO 算法，英文 First In First Out 的缩写，即先进先出算法。

（2）LFU 算法：英文 Least Frequently Used 的缩写，即最近最久未使用算法。

（3）LRU 算法：英文 Least Recently Used 的缩写，即最近最少使用算法。

13.3.6　Redis 事务

Redis 事务可以一次执行多个命令，并且包含以下几个步骤。

（1）开始事务：输入 MULTI 命令开始。

（2）输入 Redis 操作指令（GET、SET 等），此时操作命令进入队列缓存中。

（3）执行 EXEC 命令。

（4）缓存队列的操作命令进入执行状态。

事务执行过程，每个客户端进程保持独立，不会相互插队，事务中任一命令执行失败不影响其他事务的执行。

这里有一个问题，就是 Redis 不支持回滚操作，因为只有当发生语法错误时，Redis 命令才会执行失败，或者是操作数据赋值的参数类型错误，导致程序性的问题，而且回滚会降低 Redis 的运行速度。

13.3.7　分区

俗话说，所有的鸡蛋不能放在同一个篮子里，这样是为了分担风险，在使用 Redis 缓存数据时，部署的 Redis 实例（这里一个 Redis 实例部署一台服务器）就相当于这个篮子，在开发时需要部署多个实例去分担风险，如果只部署一个实例，那么所有的缓存数据都会存储在这台服务器中，如果这台服务器因为某种原因宕机或请求无响应，那么所有依赖这个实例的服务都会受到影响。所以在部署之初就要对 Redis 进行分区处理。

分区是分割数据到多个 Redis 实例的处理过程，因此每个实例只保存 key 的一个子集。

分区有以下两种方式。

（1）范围分区：这种方式就是映射一定范围的对象到指定的 Redis 实例中。

（2）哈希分区：就是对指定 key 做哈希运算，然后得到一个阿拉伯数字，并对这个数字取模，以决定最终数据应该存放在哪个实例中。例如，key 是 my_redis_key，哈希函数是 crc32，那么 crc32(my_redis_key)会输出 93024922。

13.3.8　Redis 的序列化

RedisTemplate 默认的序列化方式为 jdkSerializeable，而 StringRedisTemplate 的默认序列化方式为 StringRedisSerializer，初始化时可以设置 Redis 的序列化方式，否则编码会有问题。

```java
@Configuration
public class RedisConfig {
    /**
     * redisTemplate 序列化使用的 jdkSerializeable, 存储二进制字节码, 所以自定义序列化类
     * @param redisConnectionFactory
     * @return
     */
    @Bean
    public RedisTemplate<Object, Object> redisTemplate(RedisConnectionFactory redisConnectionFactory) {
        RedisTemplate<Object, Object> redisTemplate = new RedisTemplate<>();
        redisTemplate.setConnectionFactory(redisConnectionFactory);
        // 使用 Jackson2JsonRedisSerializer 替换默认序列化
        Jackson2JsonRedisSerializer<Object> jackson2JsonRedisSerializer = new Jackson2JsonRedisSerializer<>(Object.class);
        ObjectMapper objectMapper = new ObjectMapper();
        objectMapper.setVisibility(PropertyAccessor.ALL, JsonAutoDetect.Visibility.ANY);
        objectMapper.enableDefaultTyping(ObjectMapper.DefaultTyping.NON_FINAL);
        jackson2JsonRedisSerializer.setObjectMapper(objectMapper);
        // 设置 value 的序列化规则和 key 的序列化规则
        redisTemplate.setValueSerializer(jackson2JsonRedisSerializer);
        redisTemplate.setKeySerializer(new StringRedisSerializer());
        redisTemplate.afterPropertiesSet();
        return redisTemplate;
    }
}
```

设置过期时长属性，单位为秒。

```java
public static final long DEFAULT_EXPIRE = 60 * 60 * 24;
```

不设置过期时长属性。

```java
public static final long NOT_EXPIRE = -1;
```

13.3.9　Redis 过期键删除策略

使用 Redis 的过程会占用很大的内存空间，因此人们需要释放那些已经无用的

键值，这样可以避免浪费空间。

key 到了过期时间后存在以下 3 种删除策略。

（1）定时删除。给 key 设置一个过期时间，当到了过期时间点，key 会自动失效，释放内存空间。定时删除策略属于主动删除。

（2）立即删除。在设置 key 的过期时间时，到了过期时间，自动删除键值。这个策略的好处是能及时回收内存空间，节省内存资源。它的缺点是对 CPU 的要求比较高，如果服务器配置较低建议不要用立即删除策略，否则很容易导致内存数据泄露，抛出"Memory Leak"的异常信息。立即删除策略属于主动删除。

（3）惰性删除。键值到了过期时间不会被立即删除，只有在请求这个键值时，才会检查 key 是否已经过期，如果过期了就删除并返回 null，如果没有过期就返回对应值。惰性删除属于被动删除。

13.3.10　Redis 锁机制

所谓的并发锁，通俗地说，就是将一部分请求锁起来，以达到同一时间控制请求数量的目的，在资源有效的情况下，必须控制多个请求同时对一个数据进行访问修改。目前，并发锁主要有以下两种。

（1）乐观锁：在操作时不对操作数据加锁，对数据冲突保持一种乐观的态度，当数据提交时才对数据冲突进行校验。

（2）悲观锁：在操作时对操作数据进行加锁，对数据冲突持有一种悲观的态度。

Redis 实现乐观锁的方式如下。

（1）版本记录法：最常用的方法是使用数据版本（Version）记录机制实现，这个数据版本就是一个标识，一般命名为 version 字段，通过增加 version 字段来实现版本空值。

（2）时间戳法：同样是在记录中增加一个字段，名称可以随意定，但字段的类型采用时间戳（Timestamp），与版本控制一样，在提交时把记录的时间戳进行对比。

13.3.11　Redis 单线程

人们一直有个误区，就是多线程比单线程更加高效。

多线程的本质就是 CPU 模拟多个线程的场景，但有利必有弊，这种多个线程存在上下文的切换，使得效率降低。

Redis 命令的处理都是单线程的，但是 I/O 层面却面向多个客户端并发地提供服务，并发到内部单线程的转化通过多路复用框架来实现。

13.3.12 Redis 常见注解

（1）@CacheConfig：注解在类上使用，用来描述该类中所有方法使用的缓存名称，当然也可以不使用该注解，直接在具体的缓存注解上配置名称，用于查询时缓存数据，代码如下。

```
@Service
@CacheConfig(cacheNames = "c1")
public class UserService {
};
```

Redis 对单个请求的处理时间通常比局域网的延迟小一个数量级，所以在串行模式下，单链接的大部分时间都处于网络等待。

（2）@Cacheable：要缓存的 Java 对象必须实现 Serializable 接口，因为 Spring 会将对象先序列化再存入 Redis 的参数，缓存的 value 就是方法的返回值，用于查询时缓存数据。

```
@Override
@Cacheable(value = {"getGoodsInfo"}, key = "'goods_'+#goodsId")
 public Goods getGoodsInfo(String goodsId) {
     Query query = new Query(Criteria.where("goodsId").is(goodsId));
     return mongoTemplate.findOne(query, Goods.class);
}
```

可以看到缓存中新增了一个值，如图 13-44 所示。

图 13-44　缓存新增值

（3）@CachePut：用于对数据在支持 Spring Cache 的环境下，对于使用@Cacheable 标注的方法，Spring 每次执行指令前都会检查 Cache 中是否存在相同 key 的缓存元素，如果存在就不再执行该方法，而是直接从缓存中获取结果进行返回，否则会执行并将返回结果存入指定的缓存中。@CachePut 也可以声明一个方法支持缓存功能。

与@Cacheable 不同的是，使用@CachePut 标注的方法在执行前不会去检查缓存中是否存在之前执行过的结果，而是每次都会执行该方法，并将执行结果以键值对的形式存入指定的缓存中。

（4）@CacheEvict：用于对数据删除时清除缓存中的数据。@CacheEvict 是用来标注在需要清除缓存元素的方法或类上的。当标记在一个类上时表示其中所有方法的执行都会触发缓存的清除操作。

@CacheEvict 的属性有 key、value、condition、allEntries 和 beforeInvocation。其中，value、key 和 condition 的语义与 @Cacheable 对应的属性类似，即 value 表示清除操作是发生在哪些 Cache 上的（对应 Cache 的名称）。

key 表示需要清除的是哪个 key，若未指定则会使用默认策略生成的 key；condition 表示清除操作发生的条件。

13.3.13　Redis 集群模式

Redis 提供了 3 种集群模式，具体如下。

（1）主从模式：这个模式就是用一台服务器作为 Redis 主服务器，负责写数据，其他服务器作为从服务器，负责备份数据，并且承担一定量的读任务，减轻主服务器的负担，就是常说的负载均衡。但这个模式有一个问题，就是主节点挂了之后，从节点就不能写数据了，从而影响到业务。

（2）哨兵模式（Sentinel）：安排一个或多个哨兵来做这件事，当哨兵发现 Master 节点挂了以后，哨兵就会从 Slave 节点中重新选举一个主节点（Master）。

（3）集群模式（Cluster）：Cluster 可以说是哨兵模式和主从模式的有机组合，通过 Cluster 可以实现主从和重新选择主节点，所以如果配置两个副本 3 个分片，就需要 6 个 Redis 实例。

因为 Redis 的数据是根据一定规则分配到集群 Cluster 的不同机器上的，当数据量过大时，可以新增服务器进行扩容。

集群模式适合数据量巨大的缓存要求，当数据量不是很大时使用哨兵模式就可以了。

主从模式是 3 种模式中最简单的，在主从复制中，数据库分为两类：主数据库 (Master) 和从数据库 (Slave)。

其中，主从复制有如下特点。

（1）主数据库可以进行读写操作，当读写操作导致数据变化时会自动将数据同步给从数据库。

（2）从数据库一般都是只读的，并且接收主数据库同步过来的数据，一个 Master 可以拥有多个从节点，但是一个从节点只能对应一个主节点。

从节点服务不可用，不影响其他从节点的读及主节点的读和写，重新启动后会将数据从 Master 同步过来。Master 不可用以后，不影响 Slave 的读，但 Redis 不再提供写服务，Master 重启后 Redis 将重新对外提供写服务，而且不会在 Slave 节点中重新选一个 Master。

（1）工作机制：当从节点启动后，主动向 Master 发送 SYNC 命令。Master 接收到 SYNC 命令后在后台保存快照（RDB 持久化）和缓存保存快照这段时间的命令，然后将保存的快照文件和缓存的命令发送给 Slave。

（2）从节点接收到快照文件和命令后加载快照文件和缓存的执行命令，复制初始化后，Master 每次接收到的写命令都会同步发送给 Slave，保证主从数据一致性。

（3）安全设置：当 Master 节点设置密码后，客户端访问 Master 需要密码，启动 Slave 需要密码，在配置文件中配置即可，客户端访问 Slave 不需要密码。

13.3.14　持久化机制

Redis 的数据存储在内存中，但内存中的数据在服务器重启之后就清空了，这样会导致缓存雪崩（大量请求直接查询数据库），影响整个业务，因此开发者需要对 Redis 做持久化。

Redis 主要提供了两种持久化机制：RDB 和 AOF。

（1）RDB 机制：将数据库数据集快照按照一个设定的时间间隔备份（dump）到指定磁盘中，保存为一个 dump.rdb 文件。通过修改 redis.conf 文件来设置数据备份触发条件。

- save 900 1：900s 之后有大于或等于 1 个 key 发生变化就备份。
- save 300 10：300s 之后有大于或等于 10 个 key 发生变化就备份。
- save 60 10000：60s 之后有大于或等于 10000 个 key 发生变化就备份。

当条件满足时，Redis 服务器会执行以下几个操作进行 RDB。

- Redis 调用系统函数 fork() 来创建一个子进程。
- 子进程将内存数据写入到一个临时 RDB 文件中。
- 当子进程完成对临时 RDB 文件的写入时，Redis 用新的临时 RDB 文件替换原来的 RDB 文件，并删除原来的 RDB 文件。

如果 Redis 服务器重启，就会自动读取 dump.rdb 文件还原数据。 RDB 机制的优点是恢复方便，性能最大化；缺点是有丢失数据的风险。

（2）AOF 机制：将 Redis 的操作日志通过追加的方式写入文件中（appendonly.aof）。AOF 可以配置以下 3 种同步方式。

① appendfsync always：每次数据变更都写入文件。

② appendfsync everysec：每秒同步一次。

③ appendfsync no：关闭数据同步，相当于关闭 Redis 的持久化功能。

AOF 机制的优点是安全性好；缺点是日志文件会越来越大，恢复时间也越来越长。

13.3.15 Redis 危险命令

Redis 是单线程的，对于那些时间复杂度为 $O(n)$ 级别的指令，一定要谨慎使用，一不小心就可能导致 Redis 卡顿。

Redis 主要的一些危险命令如下。

（1）flushdb：清空数据库所有数据（高危指令）。

（2）flushall：清空所有 Redis 数据和日志记录（比 flushdb 指令更危险）。

（3）keys：客户端连接后可查看所有存在的键。

（4）config：客户端连接后可配置服务器。

作为服务端的 Redis-Server，开发者一般需要禁用常见的危险命令来确保 Redis 服务器和整个项目的安全性。禁用的具体做法是，修改服务器的配置文件 redis.conf，在 SECURITY 项中，可以通过新增以下命令来实现。

```
rename-command FLUSHALL ""
rename-command FLUSHDB  ""
rename-command CONFIG   ""
rename-command KEYS     ""
```

而且这个配置文件需要给它加上编辑权限，只有最高权限的用户才能进行编辑修改。此外，还可以通过重命名危险命令来规避风险。

```
rename-command KEYS     "14f802e1fba977727845e8872c1743a7"
rename-command FLUSHALL "1c1088a257b3300ca0218220a242550a"
rename-command FLUSHDB  "ad9211986cfaebf9eb7d3d343dd2c0b6"
rename-command CONFIG   "2245023265ae4cf87d02c8b6ba991139"
```

可以把危险字符重命名为一个很复杂的字符串。例如，这里用单词的 32 位 MD5 字符串来命名，这样就避免了手误导致在控制台输入危险指令的情况。

13.4 缓存异常情况

13.4.1 缓存雪崩

一般缓存正常的流程如下。

（1）客户端发来数据请求查询，先向 Redis 服务器发送查询请求。

（2）如果 Redis 服务器存在请求的 key，就返回 value 值。

（3）如果 Redis 服务器不存在请求的 key，就直接对数据库进行查询。

（4）如果数据库有数据返回，就把数据缓存到 Redis 服务器中。

（5）如果数据库没有数据返回，就直接返回客户端结果。

缓存雪崩是指在某一个时间段，大量缓存同时过期失效，导致大量的请求绕过 Redis 服务器直接请求数据库。尤其是一些瞬时的活动或抢购业务，如果同时出现大量缓存失效，那么客户端的访问查询请求最终都会影响数据库，这时数据库会产生瞬间的大量请求压力，很可能导致数据库服务器出现异常，影响整个业务。

避免缓存雪崩的情况有以下几个方法。

（1）分散缓存时间：同一个项目不同类型的对象，把缓存时间设置的不同，并且给缓存做权重区分，比较重要的缓存过期时间设置长一些，不重要的缓存过期时间设置短一些，而且尽量不要设置整时整分。

（2）根据业务场景，配置不同的缓存失效时间，对于同一个业务来说，这个是比较好控制的，如一个抢购活动，可以把用户信息缓存时间设置长一些，抢购的商品信息（如价格、描述）缓存时间设置短一些。

（3）做缓存主备：这个是给缓存服务器做主备，当主缓存服务器宕机时自动切换到备机。

（4）对客户端请求数量进行并发控制，可以通过 nginx 控制请求连接数。例如，允许 1s 不能超过 500 个请求，或者在业务中控制线程数，超过的线程则让它继续等待。

13.4.2　缓存穿透

缓存穿透是指用户查询数据，在数据库中没有，自然在缓存中也不会有。这样就导致用户查询时，在缓存中找不到，每次都要去数据库中查询。

缓存穿透的解决方案如下。

（1）如果查询数据库为空，直接设置一个默认值存放到缓存，这样第二次到缓存中获取就有值了，而不会继续访问数据库。

（2）设置一个过期时间或当有值时将缓存中的值替换即可。

（3）给 key 设置一些格式规则，在查询之前先过滤掉不符合规则的 key。

（4）缓存并发就是如果网站并发访问高，一个缓存如果失效，可能出现多个进程同时查询 DB、同时设置缓存的情况，如果并发确实很大，就可能造成 DB 压力过大，或者缓存频繁更新的问题。

13.4.3　缓存击穿

缓存击穿是指一个存在的热点 key，同时接收着大量请求，当这个 key 在失效的瞬间，持续的大量并发请求就会穿破缓存，直接请求数据库。有一个比喻很贴切，数据库就像一个士兵，缓存就像一件防弹衣，子弹就是请求线程，如果防弹衣偷工减料，内衬装的不是高性能纺织材料而是普通材料，那么子弹就可能击穿它直接命中士兵，所以这件防弹衣的质量好坏就决定了士兵在执行任务时的安全度。

缓存击穿的解决方案有以下两个。

（1）对于长期业务的热点数据不设置过期时间，或者对热点数据设置较长的缓存时间。

（2）给缓存加互斥锁。

13.5　本章小结

Redis 操作简单、速度快，基于缓存的操作是目前项目开发中缓存策略的首选方案，而且支持丰富的数据类型，这对于各种业务的实现也非常有用。但 Redis 也并非万能，不建议用来做持久化的数据库。

第14章

异步消息队列 Kafka

Apache Kafka 是一个分布式数据流平台，具有发布和订阅数据流的功能，以及以容错方式存储记录和处理数据流的功能。

构建实时流数据管道，将数据流从一个应用程序传递到另一个应用程序，以及处理数据并将其传输到目标应用程序。

14.1 Kafka 基本介绍

14.1.1 Kafka 的定义和组件

Kafka 是采用 Scala 编写的开源分布式消息系统，具有高水平扩展和高吞吐量，主要用于需要异步处理数据的场景。

Kafka 的核心组件主要有以下几种。

（1）Producer（消息生产者）：将消息发送到指定的 Topic 中。

（2）Consumer（消息消费者）：消费端拉取订阅 Topic 的消息。

（3）Topic（消息主题）：消息根据 Topic 进行归类，它的本质是一个目录，将同一个主题的消息归类到同一个目录。

（4）Broker（Kafka 服务实例）：属于一种缓存代理，一般一台或多台 Kafka 服务器节点就是一个 Broker，一个 Broker 可以设置一个或多个分区。

（5）Partition（分区）：Topic 物理上的分组，一个 Topic 可以分为多个分区，每个分区是一个有序的队列。

（6）Message（消息）：Kafka 通信的基本单位，传递过程是生产者（Producer）→缓存代理（Broker）→消费者（Consumer），单条 Message 在传输过程中是有大小限制的，如果超过限制 Broker 就会抛出异常。

（7）Segment（段）：分区物理上是由多个 Segment 组成的，每个 Segment 都存储着 Message 信息。

（8）ZooKeeper（配置中心）：ZooKeeper 集群会保存 Kafka 依赖的 Meta 信息。

Broker 是 Kafka 节点，一个 Kafka 节点就是一个 Broker，多个 Broker 可以组成一个 Kafka 集群。

（1）Broker 没有副本机制，一旦 Broker 宕机，该 Broker 的消息将不可用。

（2）Broker 不保存订阅者的状态，由订阅者自己保存。

（3）无状态导致消息的删除成为难题（可能删除的消息正在被订阅），Kafka 采用基于时间的 SLA（服务保证），消息保存一定时间（通常 7 天）后会删除。

（4）消费订阅者可以 Rewind Back 到任意位置重新进行消费，当订阅者出现故障时，可以选择最小的 offset(id)重新读取消费消息。

14.1.2　Kafka 消息协议

Kafka 用的是 AMQP 协议，这种协议是一个标准开放的应用层消息中间件（Message Oriented Middleware）协议。AMQP 定义了通过网络发送的字节流的数据格式，因此它具有良好的兼容性，任何实现 AMQP 协议的应用程序都可以和与 AMQP 协议兼容的其他应用程序交互，并且可以很容易实现跨语言和跨平台（这两个对于跨部门合作很重要，如果一个软件或协议不能实现跨语言跨平台，往往很难得到推广）。

Kafka 消息有以下两种状态。

（1）Message 状态：在 Kafka 中，消息的状态被保存在消费者中，Broker 不会记录哪个消息被消费了或被谁消费了，只记录一个 offset 的值（指向分区中下一个要被消费的消息位置），这就意味着如果消费者没有处理好，Broker 上的一个消息就可能被消费多次。

（2）Message 持久化：Kafka 中会把消息持久化到本地文件系统中，并且保持 $O(1)$ 复杂度极高的效率。众所周知，I/O 读取非常耗资源的性能，读写速度也是最慢的（比缓存慢得多），这就是数据库的瓶颈经常在 I/O 上，需要换 SSD 硬盘的原因。

14.1.3　Kafka 的优点

Kafka 的优点如下。

（1）消息处理的高吞吐：每秒可以处理几十万条消息，而且延迟最低只有几毫秒，每个 Topic 可以有多个分区，消费者组对分区进行消息消费操作。

（2）存储和消费消息的低延迟性：这归功于 Kafka 的写入速度和读取速度非常快；Kafka 在收到消息时，会把消息存储到硬盘（或者是磁盘）中进行持久化处理，为了使写入磁盘的速度达到一个良好的效果，Kafka 采用了顺序写入和页缓存（简单地说，就是文件到内存的映射）的方式。

（3）设计上的强扩展性：集群支持热扩展。

（4）设计上的强容错性：允许集群中节点失败（若副本数量为 n，则允许 $n-1$ 个节点失败）。

（5）设计上的高并发性：同时支持数千个客户端读写。

持久性和可靠性是消息被持久化到本地磁盘，并且支持数据备份防止数据丢失。

Kafka 对于大部分异步业务场景都适用，常见的使用场景有以下几种。

（1）根据用户活动进行日志收集。日志收集是一个公司用 Kafka 可以收集各种服务的 log，通过 Kafka 以统一接口服务的方式开放给各种消费者，如 Hadoop、HBase、Solr 等。

（2）短信验证码发送业务：有时人们在 App 应用上注册好之后，需要进行手机号验证码校验，这个发送验证码接口就可以通过 Kafka 异步去触发，因此不需要用户马上收到，延迟几秒钟是可以接受的，类似的还有邮箱注册和 App 消息推送等。

（3）聊天室场景：一般聊天室大多采用异步消息推送。

14.1.4　Kafka 环境部署

配置 Kafka 环境的步骤如下。

（1）下载 ZooKeeper。ZooKeeper 官方提供了稳定的镜像版本下载地址。

官方提供了两种类型的安装包下载，如图 14-1 所示。

图 14-1　Kafka 安装包

下载到本地，解压 tar.gz 文件，然后启动 ZooKeeper。在解压 ZooKeeper 包之后，可以看到 bin 目录和 conf 目录，这两个目录分别存放启动文件和配置文件。配置项代码如下。

```
# The number of milliseconds of each tick
tickTime=2000
# The number of ticks that the initial
# synchronization phase can take
initLimit=10
# The number of ticks that can pass between
# sending a request and getting an acknowledgement
syncLimit=5
# the directory where the snapshot is stored.
dataDir=D:\soft\kafka-zk\zookeeper-3.3.6\zk-log
# the port at which the clients will connect
clientPort=2181
```

双击 zkServer.cmd 启动。

（2）Kafka 下载。可以用官方提供的镜像站点进行下载。

下载完成之后对包进行解压。

（3）启动 Kafka 服务端，在 Kafka 文件目录下执行以下指令。

```
bin\windows\kafka-server-start.bat config\server.properties
```

server.properties 是配置文件，注意，log-dirs 的路径地址要用下划线，不然 Kafka 会启动不了。

```
log.dirs=D:/soft/kafka/kafka-logs
```

启动之后在指定目录就可以看到 log 生成的日志文件，甚至消费者把消费和 commit offset 做成一个事务解决，如果重复消费对业务逻辑不影响，那么可以不解决，以实现最大的性能。

14.1.5　Kafka 可视化工具

这里推荐一款 Kafka 可视化工具，名称为 Kafka Tool，它的特点是简单易用并且开源，下载地址为 http://www.kafkatool.com/。

目前，Kafka Tool 最新版本是 2.0.5，支持 Kafka 0.11 以上的版本，如图 14-2 所示。

Kafka Tool 2.0.5

[For Kafka version 0.11 and later]

Platform		Size		
Windows 32-Bit		41 MB	Download	
Windows 64-Bit		44 MB	Download	
Mac OS X (Intel)		50 MB	Download	
Linux		8 MB	Download	

图 14-2 Kafka 最新版本

日志中输出 Connected 表示 Kafka 启动成功，如图 14-3 所示。

```
[2019-12-02 19:19:49,148] INFO Client environment:user.home=C:\Users\8139 (org.apache.zoo
[2019-12-02 19:19:49,148] INFO Client environment:user.dir=D:\soft\kafka-zk\kafka (org.apache
[2019-12-02 19:19:49,151] INFO Initiating client connection, connectString=localhost:2181 ses
lient$ZooKeeperClientWatcher$@cd3fee8 (org.apache.zookeeper.ZooKeeper)
[2019-12-02 19:19:49,168] INFO [ZooKeeperClient] Waiting until connected. (kafka.zookeeper.Zo
[2019-12-02 19:19:49,170] INFO Opening socket connection to server 0:0:0:0:0:0:0:1/0:0:0:0:0
SASL (unknown error) (org.apache.zookeeper.ClientCnxn)
[2019-12-02 19:19:49,172] INFO Socket connection established to 0:0:0:0:0:0:0:1/0:0:0:0:0:0:0
lientCnxn)
[2019-12-02 19:19:49,207] INFO Session establishment complete on server 0:0:0:0:0:0:0:1/0:0:
otiated timeout = 6000 (org.apache.zookeeper.ClientCnxn)
[2019-12-02 19:19:49,211] INFO [ZooKeeperClient] Connected. (kafka.zookeeper.ZooKeeperClient)
[2019-12-02 19:19:49,811] INFO Cluster ID = peljBd1S8aBOjhb7TCO_A (kafka.server.KafkaServer)
[2019-12-02 19:19:49,920] INFO KafkaConfig values:
        advertised.host.name = null
```

图 14-3 Kafka 启动成功

可以通过指令创建 Topic。

kafka-topics.sh --create --topic topicname

也可以直接在 Kafka Tool 中创建 Topic，Kafka Tool 连接 Kafka 地址如图 14-4
所示。

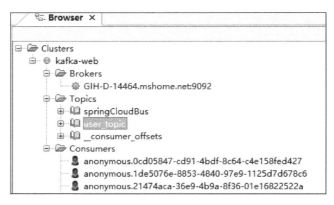

图 14-4 Kafka Tool 连接 Kafka 地址

单击左上角的"开始"按钮，就可以看到被消费过的消息了，Kafka 消费日志如图 14-5 所示。

| Properties | Data | Partitions | Config |

Partition	Offset	Message
0	0	7B2263726561745469D65223A3135373530...
0	1	7B2263726561745469D65223A3135373530...
0	2	7B2263726561745469D65223A3135373530...
0	3	7B2263726561745469D65223A3135373530...
0	4	7B2263726561745469D65223A3135373530...
0	5	7B2263726561745469D65223A3135373530...
0	6	7B2263726561745469D65223A3135373530...
0	7	7B2263726561745469D65223A3135373530...
0	8	7B2263726561745469D65223A3135373530...
0	9	7B2263726561745469D65223A3135373530...
0	10	7B2263726561745469D65223A3135373530...
0	11	7B2263726561745469D65223A3135373530...
0	12	7B2263726561745469D65223A3135373530...
0	13	7B2263726561745469D65223A3135373530...
0	14	7B2263726561745469D65223A3135373530...
0	15	7B2263726561745469D65223A3135373530...
0	16	7B2263726561745469D65223A3135373530...
0	17	7B2263726561745469D65223A3135373530...
0	18	7B2263726561745469D65223A3135373530...
0	19	7B2263726561745469D65223A3135373530...
0	20	7B2263726561745469D65223A3135373530...

图 14-5　Kafka 消费日志

然后查看 Topic 下的分片，如图 14-6 所示。

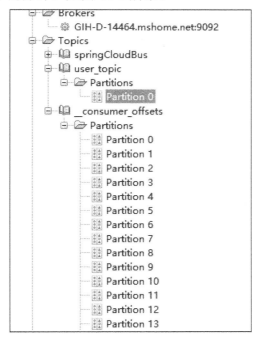

图 14-6　Kafka 分片

14.2　Kafka 实例

14.2.1　Kafka 依赖

首先添加 Spring 整合 Kafka 依赖 spring-kafka，这里版本号选择 2.2.3.RELEASE。

```
<dependency>
    <groupId>org.springframework.kafka</groupId>
    <artifactId>spring-kafka</artifactId>
    <version>2.2.3.RELEASE</version>
</dependency>
```

完成依赖之后就可以开始编码了。

然后创建一个实体类 Message，加入 3 个注释。这里加入 4 个注解，前两个是 @Data 和@Builder，使用后添加一个构造函数，该构造函数含有所有已声明字段属性参数@AllArgsConstructor 和@NoArgsConstructor，接着添加属性 id 和 msg，完整代码如下。

```
@Data
@Builder
@AllArgsConstructor//使用后添加一个构造函数,该构造函数含有所有已声明字段属性参数
@NoArgsConstructor//使用后创建一个无参构造函数
public class Message {
    /**
     * id
     */
    private Long id;
    /**
     * 消息
     */
    private String msg;
    /**
     * 时间戳
     */
    private Date createTime;
}
```

Kafka 服务器默认启动端口为 9092，KafkaTemplate 将消息发送到名为 users 的 Topic 生产者，代码如下。

```
package com.rahul.kafkaspringboot.services;
import org.slf4j.Logger;
import org.slf4j.LoggerFactory;
import org.springframework.beans.factory.annotation.Autowired;
import org.springframework.kafka.core.KafkaTemplate;
import org.springframework.stereotype.Service;
@Service
public class Producer {
    private static final Logger logger = LoggerFactory.getLogger(Producer.class);
    private static final String TOPIC = "users";
    @Autowired
    private KafkaTemplate<String,String> kafkaTemplate;
    public void sendMessage(String message){
        logger.info(String.format("$$ -> Producing message --> %s",message));
        this.kafkaTemplate.send(TOPIC,message);
    }
}
```

14.2.2　Kafka 消息消费者

消息发送出去了，当然需要一个消费者，消费者拿到消息后做相关的业务处理。
添加 Kafka 消费者类，代码如下。

```
import lombok.extern.slf4j.Slf4j;
import org.springframework.kafka.annotation.KafkaListener;
import org.springframework.stereotype.Component;
@Component
@Slf4j
public class KafkaCunsumer {
    private static final String USER_TOPIC = "user_topic";
    @KafkaListener(topics = USER_TOPIC, groupId = "my_group_id")
    public void consume(String message) {
        log.info("消息体: {}", message);
    }
}
```

这里设置 topic 为 USER_TOPIC，groupId 为 my_group_id。

然后通过@KafkaListener 注解，指定需要监听的 topic 及 groupId，注意，这里的
topics 数组可以指定多个 topic。例如：

```
@KafkaListener(topics = {"user_topic", "order_topic"}, groupId = "my_group_id")
```

消息发布者的 topic 需要保持与消费者监听的 topic 一致，否则消费不到消息。

14.2.3　Kafka 消息生产者

新建一个 KafkaProvider 消息提供者类，源码如下。

```java
import com.alibaba.fastjson.JSONObject;
import com.example.kafkaproducer.entity.Message;
import lombok.extern.slf4j.Slf4j;
import org.springframework.kafka.core.KafkaTemplate;
import org.springframework.kafka.support.SendResult;
import org.springframework.stereotype.Component;
import org.springframework.util.concurrent.ListenableFuture;
import org.springframework.util.concurrent.ListenableFutureCallback;

import javax.annotation.Resource;
@Component
@Slf4j
public class KafkaProvider {

    private static final String USER_TOPIC = "user_topic";
    @Resource
    private KafkaTemplate<String, String> kafkaTemplate;

    public void sendMessage(long msgId, String msg, long createTime) {

        Message message = Message.builder()
                .msgId(msgId)
                .msg(msg)
                .creatTime(createTime)
                .build();

        ListenableFuture<SendResult<String,String>>future = kafkaTemplate.send(USER_
TOPIC, JSONObject.toJSONString(message));
        // 监听回调
        future.addCallback(new ListenableFutureCallback<SendResult<String, String>>() {
            @Override
            public void onFailureEvent(Throwable throwable) {
                log.info("发送消息失败");
            }
            @Override
            public void onSuccess(SendResult<String, String> result) {
                log.info("发送消息成功");
            }
        });
    }}
```

14.2.4　消息体构造

这里创建一个 Message 实体类，用来表示一个消息的格式体，代码如下。

```
@Data
@Builder
@AllArgsConstructor
@NoArgsConstructor//创建一个无参构造函数
public class Message {
    /**
     * 消息 id
     */
    private Long msgId;
    /**
     * 消息体
     */
    private String msg;
    /**
     * 生成时间戳
     */
    private Long creatTime;
}
```

这里声明了两个注解：@AllArgsConstructor 和@NoArgsConstructor。

（1）@AllArgsConstructor：增加一个全参构造函数。

（2）@NoArgsConstructor：增加一个无参构造函数。

然后定义了 3 个字段。

（1）消息 id，每个消息唯一。

（2）消息体 msg，记录消息内容。

（3）生成时间戳 creatTime，记录消息生成的时间节点。

14.3　Kafka 高级机制

14.3.1　Kafka 分区机制

分区的概念是针对 Topic 主题的，Topic 是逻辑概念，Partition 是物理概念，对于消息生产者（Producer）而言，只需要知道将消息发到哪个 Topic，而消费组（Consumer）只需要知道订阅哪个 Topic，这两者都不用知道消息到底存储在集群中的哪个 Broker 中，分区越多，服务端消耗的内存也就越大。

在 Kafka 中可以将 Topic 从物理上划分成一个或多个分区（Partition），一个分区对应一个文件夹，每个文件夹下存储这个分区的所有从生产者发送过来的消息（.log 后缀）和索引文件（.index 后缀）。

增加 Topic 分区数可以通过指定 alter 参数：

```
/bin/kafka-topics.sh --ZooKeeper 127.0.0.1:2181   --alter --topic   kafka_topic   --partitions 20
```

如果消息只存储在一个 Broker 中，就很容易产生消息堆积，造成性能瓶颈，因此就有了分区的概念。

14.3.2 Kafka 流式处理

要了解流式处理，就需要知道数据流。所谓的数据流，可以类比成水管中的水流或电路中的电流，而其中的数据就是水管中的水和电路中的电子，它最大的特点是连续不断，并形成了一个有序的集合。

说到流式处理框架，很多人的脑海里浮现出来的名词是 Flink、Storm 和 Spark Streaming，而 Kafka Stream 是在 0.10 版本才添加的，它有以下几个特点。

- 简单轻量，完美兼容 Spring Cloud 框架。
- 处理海量数据能力强。
- 通过分区实现水平扩展。

通过 KStreamBuilder 类构建一个 Stream 流：

```
KStreamBuilder builder = new KStreamBuilder（）;
```

通过指定一个 topic 指定 topic 将 Kafka Stream 实例化：

```
KStream<String,   String> kStream = builder.stream("kafka-stream");
```

指定流配置：

```
    Properties streamsConfiguration = new Properties();
    streamsConfiguration.put(StreamsConfig.APPLICATION_ID_CONFIG,   "Streaming-QuickStart");
    streamsConfiguration.put(StreamsConfig.BOOTSTRAP_SERVERS_CONFIG,   "localhost:
9092");
    streamsConfiguration.put(StreamsConfig.KEY_SERDE_CLASS_CONFIG,   Serdes.String().
getClass().getName());
    streamsConfiguration.put(StreamsConfig.VALUE_SERDE_CLASS_CONFIG,   Serdes.String().
getClass().getName());
```

获取 Stream 主题：

```
    String topic = configReader.getKStreamTopic();
    String producerTopic = configReader.getKafkaTopic();
```

Kafka 流处理：

```
    KStream <String，Long> processedStream = inputStreamData.mapValues(record-> record.length())
```

14.3.3　Kafka 副本和备份

所谓副本，就是正本的复制品。Kafka 的副本本质就是一个能追加写消息的日志文件，相同分区的副本保存的消息数据是相同的，副本存储在不同的 Broker 服务器上，一般 Broker 服务器至少三台以上，某一台服务器不可用，不会影响总体业务。Kafka 有多个 Topic，每个 Topic 划分成多个分区，副本机制是让集群中的服务器都备份相同的数据。

Kafka 决定副本分布方式：

/bin/kafka-topics --create --topic topicA --ZooKeeper localhost:2181 --replication-factor 5 --partition 5

Kafka 指定副本分布：

/bin/kafka-topics --create --topic topicB --ZooKeeper localhost:2181 --replica-assignment 0:1:2:3:4，2:3:4:5:6，4:5:6:7:8

副本响应分区最长的等待时间：

replica.lag.time.max.ms

Broker 作为承接生产者和消费者的纽带，保证 Broker 部分的数据不丢失是很重要的，因此需要用到 Kafka 的备份机制。备份机制是 Kafka 0.8 版本的新特性，它提高了 Kafka 集群的可靠性、稳定性。

备份机制有以下几个特点。

（1）在备份机制下，Kafka 允许集群中的某个节点因不可抗力出现异常后而不影响其他节点正常工作，从而保证整个集群的正常运行，一个备份数量为 n 的集群可以允许不大于 n 个节点失败。

/bin/kafka-topics.sh --create --ZooKeeper localhost:2181 --replication-factor 3 --partitions 3 --topic test

（2）所有备份节点选择一个节点作为主节点，这个主节点保存了其他备份节点列表，负责保持每个备份节点间的数据同步。

./kafka-topic.sh --describe --ZooKeeper　127.0.0.1:2181 --topic myTopic

（3）Kafka 每个分区包含主分区和从分区，备份的单元也是按分区来划分的。其中 Leader 分区是用来与生产者进行写交互，然后从分区副本中拉取数据进行同步操作，从而完成一个备份的过程。

14.3.4　消息持久化

一般人们存放数据主要有两种方式：存放于内存和存放于磁盘。这两种方式分别代表临时和持久化，而 Kafka 的消息是存放于文件中的（文件放在磁盘中），文件的格式就是以.index 为后缀的索引文件和以.log 为后缀的数据文件。磁盘的快或慢，取决于人们如何使用磁盘。

例如，消息被消费后不是立刻被删除，人们可以将这些消息保留一段相对比较长的时间（如一个星期）。

创建一个消费者，使用来自 Topic 用户的消息并将日志输出到控制台。

```
package com.rahul.kafkaspringboot.services;
import org.slf4j.Logger;
import org.slf4j.LoggerFactory;
import org.springframework.kafka.annotation.KafkaListener;
import org.springframework.stereotype.Service;
@Service
public class Consumer {
    private final Logger logger = LoggerFactory.getLogger(Consumer.class);
    @KafkaListener(topics = "users", groupId = "group_id")
    public void consume(String message){
        logger.info(String.format("$$ -> Consumed Message -> %s", message));
    }
}
```

需要告诉应用 Kafka 服务器的地址，创建一个主题并发布到 Kafka 服务器上。运行应用程序并按如下方式到达端点：已经向主题发布了一条消息，从控制台检查日志，打印发送到发布端点的消息，Kafka 输出日志如图 14-7 所示。

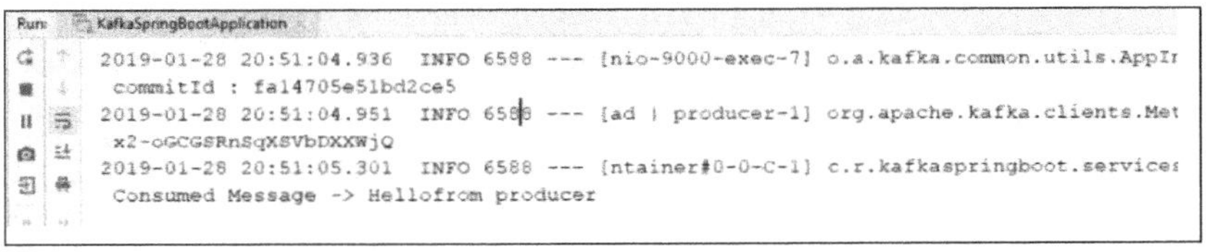

图 14-7　Kafka 输出日志

消息系统通常由生产者、消费者和 Broker 三大部分组成，生产者会将消息写入 Broker，消费者会从 Broker 中读取消息。

如果服务器资源紧张，需要定期清除 Kafka 消费日志，就启用删除策略，代码如下。

```
log.cleanup.policy=delete
```

然后设定清理时间点，如每 48 小时清理一次，代码如下。

```
log.retention.hours=48
```

也可以指定当消息超过某个临界值就执行删除策略，如超过 3GB 就删除，代码如下。

```
log.retention.bytes=3221225472
```

启用日志压缩策略，代码如下。

```
log.cleaner.enable=true
```

14.3.5　数据存储

大家知道，Kafka 的消息是以主题（Topic）的基本单位进行数据发送和接收的，每个主题之间相互独立，但这个主题的概念属于逻辑上的定义，不是真实的物理存在的，真实物理存在的数据文件存储在分区之中，每个分区映射一个文件夹，每个文件夹包含了两个文件：日志索引文件和日志数据文件。

（1）日志索引文件：以.index 结尾的偏移量索引文件和以.timeindex 结尾的时间戳索引文件。

（2）日志数据文件：以.log 格式结尾，用来存储日志信息。

分区的数量可以在创建主题时设置，也可以创建 Topic 之后再根据需要进行修改，命令如下。

```
./kafka-topics.sh --create --ZooKeeper ip:2181 --replication-factor 3 --partitions 3 --topic topic-test
```

持久化就是将临时数据转化为能够长久保存的数据，存储在内存中的数据（如 Redis）属于临时数据，它具有一定的过期时间，持久化数据一般是指能够永久保存的数据，如磁盘中的数据或某些文件中的数据。Kafka 的持久化就是将数据写入磁盘或日志文件中。

14.3.6　Kafka 消费模型

Kafka 的消费模型主要有推送模型和拉取模型。

（1）推送模型（Push）：broker 记录消费状态，消息推送到消费者之后，标记这条 message 已经被消费。例如，当人们已经把消息发送给消费者之后，由于消费进程出现异常或由于网络原因没有收到这条信息，如果人们在消费代理将其标记为已消费，那么这个 message 就丢失了。

（2）拉取模型（Pull）：broker 控制消费速度和进度，消费者可以按照任意的 offset 进行消费。例如，消费者可以消费已经消费过的信息进行重新处理，可以设置属性，命令如下。

```
enable.auto.commit
```

当为 true 时消费该消息，下次就不能消费了，当为 false 时消费该消息，下次还能消费或消费最近的消息等。

这种模式的缺点是：在没有数据时容易陷入无限等待的场景。

14.3.7　Kafka 日志配置

首先需要了解 Kafka 的日志结构，它的日志文件是按分区进行划分的。例如，有一个名称为 myTopic 的 Topic，那么每个分区下面就会产生一个以.log 结尾的日志文件。

Kafka 处理日志文件如下。

- 减少磁盘写入的次数，Broker 服务器将消息暂时加入缓存区中，当消息的个数达到阈值时，再将消息数据从缓存区中取出，这样减少了磁盘 I/O 调用的次数。
- 磁盘的性能很大程度决定 I/O 的性能。

Kafka 实现高性能 I/O 有以下几个模式。

（1）批量消息传输模式：就像快递公司递件，一般一个目的地不是一件件地送货，而是将收集到同一个目的地的一批货物同时运送，Kafka 的消息机制也是当接收到消息时缓存起来，等到合适的时间再一批批发送出去，这样就能提高 I/O 磁盘的读写效率。

可以通过设置批量提交的数据大小来实现，代码如下。

```
batch.size
```

这个数值默认是 16KB，当消息积压达到 16KB 之后统一发送，也可以通过设置其延迟属性来实现，代码如下。

```
linger.ms
```

这个值默认是 0ms，当设置为 20ms 时，就表示消息到来之后延迟 20ms 才发送，若不设置则立即发送。

也可以设置请求最大的字节数，避免过大的消息发送过来导致卡顿，代码如下。

```
max.request.size
```

这个值默认为 1MB。

（2）顺序读写模式：磁盘 I/O 分为顺序读写和随机读写，而顺序读写的速度比随机读写的速度要快得多。Kafka 采用顺序读写的机制，服务器收到消息时在 log 文件中顺序写入消息和发送消息。

（3）页面缓存（Page Cache）模式：Page Cache 也称为 PCache，全称为页高速缓存存储器，在读取数据时，会先去页面缓存中读取，如果页面缓存没有，就会到磁盘中进行读写操作，这种场景就像客户端先判断缓存中是否有值再去读取数据库一样，这种策略大大减少了读写磁盘 I/O 的次数。

（4）零复制模式：CPU 不用先将数控从缓存中复制到另一个存储区，这样可以提高数据的传输效率。零复制过程流程如下。

磁盘 → 内核 → TCP 协议栈

为了减少不必要的复制，Kafka 通过零复制技术，直接将 Page Cache 中的数据复制到 Socket 缓存中。

　　Kafka 可以自定义 gzip/snappy 等压缩方式，这样可以让数据占用更小的磁盘空间，配置方式是 server.properties 修改属性。

```
compression.codec = gzip/snappy
```

　　也可以针对指定 Topic 进行压缩，代码如下。

```
compressed.topics=myTopic
```

　　一个 Topic 可以由多个分区组成，Kafka 在应用产生的消息日志就会存放在多个 Partition（分区）中 ，这样可以提高集群的扩展能力，因此整个集群可以适应任意大小的数据了。Kafka 的数据具有持久化和容错性。

　　Kafka 的 Topic 用来设置副本数量，副本越多，就有越多的 Broker 来存储应用数据，根据 n-1 的法则，每台服务器部署一个分区，副本越多容错率就越高。

14.3.8　Kafka 负载均衡

　　Kafka 做负载均衡和其他框架设计上也是类似的，核心就是需要部署多个 Broker 服务器，做成一个 Broker 集群，当生产者发送消息时，就由多个 Broker 服务器去承接消费，以此平分每个服务器的压力，如果初期数据量不大，那么单节点部署就够了，然后根据业务量进行横向扩展。

　　Kafka 集群方式有两种：一种是单机多 Broker 模式，适合机器紧张的创业公司；另一种是多机多 Broker 模式，适合服务器资源充裕的大中型公司，这种模式可以每台服务器直接部署一个 Broker 节点。例如，一台服务器部署 3 个 Broker 节点，就启动 3 个 Kafka 进程，端口分别为 9092、9093、9094，然后增加两个 Server 配置，分别命名为 server1.propeties、server2.propeties，修改配置值，代码如下。

```
Broker.id=1
listeners=PLAINTEXT://host:9093
host.name=host
log.dirs=/var/log/kafka-logs
```

　　然后修改生产者配置文件 producer.properties，把新增的地址添加到发送的 Broker 列表中。

```
metadata.Broker.list=host:9092，host:9093，host:9094
```

　　配置完之后分别启动 3 个 Kafka 进程，在项目代码中的配置文件属性 bootstrap.servers 也要把新增的地址添加进去。

　　多机部署 Broker 大致与单机的配置相似，不同的是每台机 Kafka 的端口用默认的 9092 即可，producer.properties 也要配置完整的 metadata.Broker.list 值，代码如下。

```
metadata.Broker.list=host0:9092，hostname1:9092，hostname2:9092
```

　　每台服务器也要配置完整的 ZooKeeper 地址，代码如下。

```
ZooKeeper.connect=host0:2181，host1:2181，host2:2181
```

consumer.properties 文件也要添加这 3 个配置。

14.3.9 Kafka 单元测试

新建单元测试，模拟消息发送流程，添加一个 sendMessage 方法，循环发送 Kafka 消息。

```
@SpringBootTest
class KafkaProducerApplicationTests {
    @Resource
    private KafkaProvider kafkaProvider;
    @Test
    void sendMessage() {
        IntStream.range(0,  600).mapToLong(i -> i + 1).forEach(msgId -> {
            String msg = "消息 id:" + msgId;
            kafkaProvider.sendMessage(msgId,  msg,  System.currentTimeMillis());
        });
    }
}
```

发送 1000 个消息，查看消息是否能够被正常发布与消费，查看控制台输出日志，如图 14-8 所示。

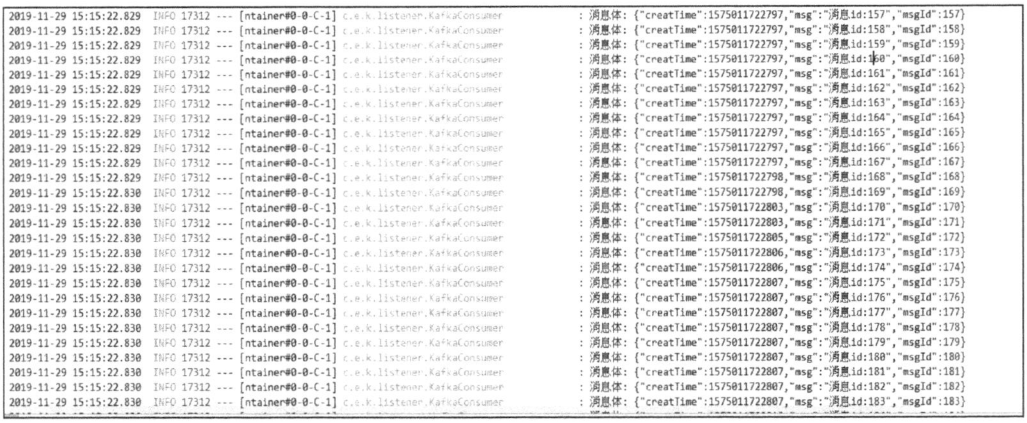

```
2019-11-29 15:15:22.829 INFO 17312 --- [ntainer#0-0-C-1] c.e.k.listener.KafkaConsumer : 消息体: {"creatTime":1575011722797,"msg":"消息id:157","msgId":157}
2019-11-29 15:15:22.829 INFO 17312 --- [ntainer#0-0-C-1] c.e.k.listener.KafkaConsumer : 消息体: {"creatTime":1575011722797,"msg":"消息id:158","msgId":158}
2019-11-29 15:15:22.829 INFO 17312 --- [ntainer#0-0-C-1] c.e.k.listener.KafkaConsumer : 消息体: {"creatTime":1575011722797,"msg":"消息id:159","msgId":159}
2019-11-29 15:15:22.829 INFO 17312 --- [ntainer#0-0-C-1] c.e.k.listener.KafkaConsumer : 消息体: {"creatTime":1575011722797,"msg":"消息id:160","msgId":160}
2019-11-29 15:15:22.829 INFO 17312 --- [ntainer#0-0-C-1] c.e.k.listener.KafkaConsumer : 消息体: {"creatTime":1575011722797,"msg":"消息id:161","msgId":161}
2019-11-29 15:15:22.829 INFO 17312 --- [ntainer#0-0-C-1] c.e.k.listener.KafkaConsumer : 消息体: {"creatTime":1575011722797,"msg":"消息id:162","msgId":162}
2019-11-29 15:15:22.829 INFO 17312 --- [ntainer#0-0-C-1] c.e.k.listener.KafkaConsumer : 消息体: {"creatTime":1575011722797,"msg":"消息id:163","msgId":163}
2019-11-29 15:15:22.829 INFO 17312 --- [ntainer#0-0-C-1] c.e.k.listener.KafkaConsumer : 消息体: {"creatTime":1575011722797,"msg":"消息id:164","msgId":164}
2019-11-29 15:15:22.829 INFO 17312 --- [ntainer#0-0-C-1] c.e.k.listener.KafkaConsumer : 消息体: {"creatTime":1575011722797,"msg":"消息id:165","msgId":165}
2019-11-29 15:15:22.829 INFO 17312 --- [ntainer#0-0-C-1] c.e.k.listener.KafkaConsumer : 消息体: {"creatTime":1575011722797,"msg":"消息id:166","msgId":166}
2019-11-29 15:15:22.829 INFO 17312 --- [ntainer#0-0-C-1] c.e.k.listener.KafkaConsumer : 消息体: {"creatTime":1575011722797,"msg":"消息id:167","msgId":167}
2019-11-29 15:15:22.829 INFO 17312 --- [ntainer#0-0-C-1] c.e.k.listener.KafkaConsumer : 消息体: {"creatTime":1575011722798,"msg":"消息id:168","msgId":168}
2019-11-29 15:15:22.830 INFO 17312 --- [ntainer#0-0-C-1] c.e.k.listener.KafkaConsumer : 消息体: {"creatTime":1575011722798,"msg":"消息id:169","msgId":169}
2019-11-29 15:15:22.830 INFO 17312 --- [ntainer#0-0-C-1] c.e.k.listener.KafkaConsumer : 消息体: {"creatTime":1575011722803,"msg":"消息id:170","msgId":170}
2019-11-29 15:15:22.830 INFO 17312 --- [ntainer#0-0-C-1] c.e.k.listener.KafkaConsumer : 消息体: {"creatTime":1575011722803,"msg":"消息id:171","msgId":171}
2019-11-29 15:15:22.830 INFO 17312 --- [ntainer#0-0-C-1] c.e.k.listener.KafkaConsumer : 消息体: {"creatTime":1575011722805,"msg":"消息id:172","msgId":172}
2019-11-29 15:15:22.830 INFO 17312 --- [ntainer#0-0-C-1] c.e.k.listener.KafkaConsumer : 消息体: {"creatTime":1575011722806,"msg":"消息id:173","msgId":173}
2019-11-29 15:15:22.830 INFO 17312 --- [ntainer#0-0-C-1] c.e.k.listener.KafkaConsumer : 消息体: {"creatTime":1575011722806,"msg":"消息id:174","msgId":174}
2019-11-29 15:15:22.830 INFO 17312 --- [ntainer#0-0-C-1] c.e.k.listener.KafkaConsumer : 消息体: {"creatTime":1575011722807,"msg":"消息id:175","msgId":175}
2019-11-29 15:15:22.830 INFO 17312 --- [ntainer#0-0-C-1] c.e.k.listener.KafkaConsumer : 消息体: {"creatTime":1575011722807,"msg":"消息id:176","msgId":176}
2019-11-29 15:15:22.830 INFO 17312 --- [ntainer#0-0-C-1] c.e.k.listener.KafkaConsumer : 消息体: {"creatTime":1575011722807,"msg":"消息id:177","msgId":177}
2019-11-29 15:15:22.830 INFO 17312 --- [ntainer#0-0-C-1] c.e.k.listener.KafkaConsumer : 消息体: {"creatTime":1575011722807,"msg":"消息id:178","msgId":178}
2019-11-29 15:15:22.830 INFO 17312 --- [ntainer#0-0-C-1] c.e.k.listener.KafkaConsumer : 消息体: {"creatTime":1575011722807,"msg":"消息id:179","msgId":179}
2019-11-29 15:15:22.830 INFO 17312 --- [ntainer#0-0-C-1] c.e.k.listener.KafkaConsumer : 消息体: {"creatTime":1575011722807,"msg":"消息id:180","msgId":180}
2019-11-29 15:15:22.830 INFO 17312 --- [ntainer#0-0-C-1] c.e.k.listener.KafkaConsumer : 消息体: {"creatTime":1575011722807,"msg":"消息id:181","msgId":181}
2019-11-29 15:15:22.830 INFO 17312 --- [ntainer#0-0-C-1] c.e.k.listener.KafkaConsumer : 消息体: {"creatTime":1575011722807,"msg":"消息id:182","msgId":182}
2019-11-29 15:15:22.830 INFO 17312 --- [ntainer#0-0-C-1] c.e.k.listener.KafkaConsumer : 消息体: {"creatTime":1575011722807,"msg":"消息id:183","msgId":183}
```

图 14-8 Kafka 输出日志

1000 个消息被成功发送且被正常消费，消费日志如图 14-9 所示。

Offset	Message	Timestamp
0	7B22637265617454696D65223A313537353031313437393431342C226D736...	2019-11-29 15:11:20
1	7B22637265617454696D65223A313537353031313438303134342C226D736...	2019-11-29 15:11:20
2	7B22637265617454696D65223A313537353031313438303134342C226D736...	2019-11-29 15:11:20
3	7B22637265617454696D65223A313537353031313438303134352C226D736...	2019-11-29 15:11:20
4	7B22637265617454696D65223A313537353031313438303134352C226D736...	2019-11-29 15:11:20
5	7B22637265617454696D65223A313537353031313438303134352C226D736...	2019-11-29 15:11:20
6	7B22637265617454696D65223A313537353031313438303134352C226D736...	2019-11-29 15:11:20
7	7B22637265617454696D65223A313537353031313438303134352C226D736...	2019-11-29 15:11:20
8	7B22637265617454696D65223A313537353031313438303134352C226D736...	2019-11-29 15:11:20
9	7B22637265617454696D65223A313537353031313438303134352C226D736...	2019-11-29 15:11:20
10	7B22637265617454696D65223A313537353031313438303134382C226D736...	2019-11-29 15:11:20
11	7B22637265617454696D65223A313537353031313438303134382C226D736...	2019-11-29 15:11:20
12	7B22637265617454696D65223A313537353031313438303134382C226D736...	2019-11-29 15:11:20
13	7B22637265617454696D65223A313537353031313438303134382C226D736...	2019-11-29 15:11:20
14	7B22637265617454696D65223A313537353031313438303134382C226D736...	2019-11-29 15:11:20
15	7B22637265617454696D65223A313537353031313438303134392C226D736...	2019-11-29 15:11:20
16	7B22637265617454696D65223A313537353031313438303135302C226D736...	2019-11-29 15:11:20
17	7B22637265617454696D65223A313537353031313438303135302C226D736...	2019-11-29 15:11:20
18	7B22637265617454696D65223A313537353031313438303135302C226D736...	2019-11-29 15:11:20
19	7B22637265617454696D65223A313537353031313438303135302C226D736...	2019-11-29 15:11:20
20	7B22637265617454696D65223A313537353031313438303135302C226D736...	2019-11-29 15:11:20
21	7B22637265617454696D65223A313537353031313438303135302C226D736...	2019-11-29 15:11:20
22	7B22637265617454696D65223A313537353031313438303135302C226D736...	2019-11-29 15:11:20
23	7B22637265617454696D65223A313537353031313438303135322C226D736...	2019-11-29 15:11:20
24	7B22637265617454696D65223A313537353031313438303135332C226D736...	2019-11-29 15:11:20
25	7B22637265617454696D65223A313537353031313438303135342C226D736...	2019-11-29 15:11:20
26	7B22637265617454696D65223A313537353031313438303135342C226D736...	2019-11-29 15:11:20
27	7B22637265617454696D65223A313537353031313438303135352C226D736...	2019-11-29 15:11:20
28	7B22637265617454696D65223A313537353031313438303135352C226D736...	2019-11-29 15:11:20
29	7B22637265617454696D65223A313537353031313438303135352C226D736...	2019-11-29 15:11:20
30	7B22637265617454696D65223A313537353031313438303135352C226D736...	2019-11-29 15:11:20
31	7B22637265617454696D65223A313537353031313438303135352C226D736...	2019-11-29 15:11:20
32	7B22637265617454696D65223A313537353031313438303135362C226D736...	2019-11-29 15:11:20
33	7B22637265617454696D65223A313537353031313438303135362C226D736...	2019-11-29 15:11:20
34	7B22637265617454696D65223A313537353031313438303135362C226D736...	2019-11-29 15:11:20
35	7B22637265617454696D65223A313537353031313438303135362C226D736...	2019-11-29 15:11:20
36	7B22637265617454696D65223A313537353031313438303135362C226D736...	2019-11-29 15:11:20
37	7B22637265617454696D65223A313537353031313438303135362C226D736...	2019-11-29 15:11:20
38	7B22637265617454696D65223A313537353031313438303135362C226D736...	2019-11-29 15:11:20
39	7B22637265617454696D65223A313537353031313438303135362C226D736...	2019-11-29 15:11:20
40	7B22637265617454696D65223A313537353031313438303135362C226D736...	2019-11-29 15:11:20
41	7B22637265617454696D65223A313537353031313438303135362C226D736...	2019-11-29 15:11:20
42	7B22637265617454696D65223A313537353031313438303135362C226D736...	2019-11-29 15:11:20

图 14-9 Kafka 消费日志

14.4 Kafka 常见问题

14.4.1 消息可靠性

使用 Kafka 进行消息的传输，用户最关心的是消息是否顺利地被消费者消费，就像人们寄快递，关注的是寄送的货物能否完好无损地送到收件人的手里，从整个流程来看，就是货物发出时是否完整，快递的填写信息是否正确，快递运输的途中是否会损坏或丢失，快件到达目的地时是否会被其他人签收，类比于 Kafka 的消息可靠性，有以下几种原因。

（1）生产者有没有正确地发送消息。

（2）Kafka Broker 有没有收到生产者发送过来的消息并进行记录。例如，Broker 服务器在收到消息的那一刻是不是宕机了。

（3）消费者有没有去 Broker 拉取消息。

14.4.2 Kafka 消息丢失的问题

在使用 Kafka 时，有时会遇到消息丢失的问题，就是生产者发送消息过去，消费者没有消费到。丢失消息的原因可能有如下几种。

（1）消费端自动提交 offersets 设置为 true（auto.commit.enable=true），消费者拉取消息之后还有没处理完成，提交偏移量的时间间隔就到了，这时消费端如果响应异常或重启，就会从下一个偏移值处开始消费，那么上一组数据就没有完成消费，相当于这部分数据丢失了。

（2）Broker 所在的服务器磁盘写入失败。

（3）发送数据过长，Broker 配置中有一个参数" message.max.bytes"，这个参数用来指定消息的大小，默认为 1 000 000 字节，如果生产者发送单条消息超过设定值，就会发送失败，这时可以把 message.max.bytes 的值增大，但不建议太大，若太大则可能导致消息处理时间过长。

防止消息丢失的解决方案如下。

（1）设置 auto.commit.enable=false，每次处理完手动提交，确保消息被消费并处理完成。

（2）Kafka 一定要配置上消息重试的机制，并且重试的时间间隔一定要长一些，默认 1s 不符合生产环境（网络中断时间有可能超过 1s）。

（3）配置多个副本，保证数据的完整性。

14.4.3　顺序消费

有时消息的顺序对于业务来说也很重要。例如，发送两个消息 A 和 B，B 需要以消息 A 为前提，如果消息 B 先发过去，就可能导致消费者出现业务上的消费问题。人们可以从下面几个角度来解决这个问题。

（1）从发送端的角度：当 A 消息处理失败，关联的 B 消息如果还没有处理，就可以直接丢弃，但这种方法只能处理一小部分的数据。

（2）Kafka 不进行分区，这种做法增大了项目安全的风险，如果不是资源紧张一般不建议。

（3）从消费者的角度，如果消息 A 的处理时间过长，这时要处理视频媒体信息，可能需要花费 10s，但消息 B 可能只花费 1～2s，那么这种可以在消费端做一个记录，把消息 B 类型的数据加入缓存中（不建议存到数据库中，因为这个是临时数据，没必要占用数据库空间），根据消息 A 和消息 B 关联的外键 ID 按照某个规则生成一个唯一的 key，并设置一个短的过期时间，当消息 A 过来时就可以根据设定的 key 从缓存中读取 B 消息的数据，这样就能弥补乱序消费的问题了。

14.4.4　重复消费

Kafka 会不会存在消息重复消费的情况？就是发了一条客户端消费了两条甚至多条的情况。这种情况会经常遇到，当消费者消费数据时，首先从 Broker 服务器读取消息数据，然后进行消费的处理，处理完成后再提交 offset。

造成重复消费的一个重要原因是消费者部署的服务器性能不好。一些数据在设定时间内（session.timeout.ms）没有完成消息处理，这样服务器就无法自动提交 offset（偏移量提交失败），从而触发 partition 重新分配机制，然后消费者还会消费原来相同的数据，造成死循环，影响正常的业务逻辑和大量的服务器内存消耗。

解决以上问题的方法是把 Kafka 消费者的配置 enable.auto.commit 设置为 false，禁止 Kafka 自动提交 offset，采用 spring-kafka 的手动提交策略，在数据没有完成消费的情况下也能提交 offset。

14.5　Bus 整合 Kafka

本节主要讲解如何使用 Spring Cloud Bus 将分布式的节点用轻量的消息代理连接起来。它可以用于微服务架构的配置文件的更改等操作，也可用于监控等。

Bus 使用轻量级的消息代理来连接微服务架构中的各个服务，可以将其用于广播状态更改（如配置中心配置更改）或其他管理指令。

消息总线：使用消息代理来构建一个主题，然后把微服务架构中的所有服务都连接到这个主题上，向该主题发送消息时，所有订阅该主题的服务都会收到消息并进行消费。

Bus 配合 Config 使用可以实现配置的动态刷新，且支持 RabbitMQ 和 Kafka 配置。

14.5.1　Bus 架构

Bus 的架构如图 14-10 所示。其中包含了 Git 仓库、配置服务器及微服务 "Service A" 的 3 个实例，这 3 个实例中都引入了 Spring Cloud Bus，所以它们都连接到了 Cloud Bus 的消息总线上。

（1）将系统启动起来之后，"Service A" 的 3 个实例会请求配置服务器以获取配置信息，配置服务器根据应用配置的规则从 Git 仓库中获取配置信息并返回。

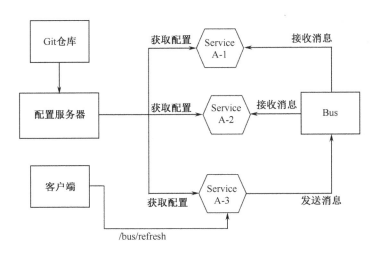

图 14-10　Bus 的架构

（2）若需要修改"Service A"的属性。首先，通过 Git 管理工具去仓库中修改对应的属性值，但是这个修改并不会触发"Service A"实例的属性更新。向"Service A-3"发送 POST 请求，访问/bus/refresh 接口。

此时，"Service A-3"就会将刷新请求发送到消息总线中，该消息事件会被"Service A-1"和"Service A-2"从消息总线中获取到，并重新从配置服务器中获取它们的配置信息，从而实现配置信息的动态更新。

（3）从 Git 仓库中配置的修改到发起/bus/refresh 的 POST 请求步骤可以通过 Git 仓库的 Web Hook 自动触发。

（4）由于所有连接到消息总线上的应用都会接收到更新请求，因此在 Web Hook 中不需要维护所有节点内容来进行更新，从而解决了通过 Web Hook 逐个进行刷新的问题。

14.5.2　项目结构

项目结构主要有以下几个。

（1）Config-Server：配置服务端应用。

（2）Config-Client：配置客户端应用。

（3）GitHub 仓库配置文件。

（4）Kafka 服务。

（5）Postman 软件。

14.5.3　Bus 和 Kafka

（1）新建一个 config-client 模块，加入 Bus 整合 Kafka 依赖 spring-cloud-starter-bus-kafka。

```
<dependency>
    <groupId>org.springframework.cloud</groupId>
    <artifactId>spring-cloud-starter-bus-kafka</artifactId>
    <version>1.3.2.RELEASE</version>
</dependency>
```

（2）添加 Actuator 依赖 spring-boot-starter-actuator。

```
<dependency>
    <groupId>org.springframework.boot</groupId>
    <artifactId>spring-boot-starter-actuator</artifactId>
</dependency>
```

（3）添加 Web 依赖 spring-boot-starter-web。

```
<dependency>
    <groupId>org.springframework.boot</groupId>
    <artifactId>spring-boot-starter-web</artifactId>
</dependency>
```

（4）添加配置类依赖 spring-cloud-starter-config。

```
<dependency>
    <groupId>org.springframework.cloud</groupId>
    <artifactId>spring-cloud-starter-config</artifactId>
    <version>2.4.0.RELEASE</version>
</dependency>
```

（5）添加 Eureka 依赖 spring-cloud-starter-eureka。

```
<dependency>
    <groupId>org.springframework.cloud</groupId>
    <artifactId>spring-cloud-starter-eureka</artifactId>
    <version>1.3.5.RELEASE</version>
</dependency>
```

然后修改配置文件 bootstrap.yml，添加应用端口号和应用名配置。

```
server:
  port: 8001
spring:
  application:
    name: config-client
```

启动什么环境下的配置，与仓库的文件后缀有关，当仓库配置文件命名格式为 cloud-config-dev.yml 时，profile 就要写 dev。

```
spring:
  discovery:
        enabled: true
```

名称是配置服务器端的服务名称。

```
service-id: config-server
```

配置注册中心地址，代码如下。

```
eureka:
  client:
    service-url:
      defaultZone: http://localhost:8888/eureka/
```

然后启动类，代码如下。

```
@SpringBootApplication
@EnableDiscoveryClient
public class Client1Application {
    public static void main(String[] args) {
        SpringApplication.run(Client1Application.class, args);
    }
}
```

再将 Client 中的 TestController 复制一份到 Client1 中，代码如下。

```
@RestController
//这里面的属性有可能更新，如果 Git 中的配置中心变化就要刷新，如果没有这个注解，
配置就不能及时更新
@RefreshScope
public class TestController {
    @Value("${name}")
    private String name;
    @Value("${age}")
    private Integer age;
    @RequestMapping("/test")
    public String test(){
        return this.name+this.age;
    }
}
```

配置服务器加入如下配置，是否需要权限拉取，默认为 true，如果不是 false 就不允许拉取配置中心 Server 更新的内容。

```
management:
  endpoints:
    web:
      exposure:
```

```
            include: bus-refresh

    server:
        port: 8900
```

config-client、config-client1 和 config-server 都要引入 Kafka 的依赖，代码如下。

```
<dependency>
    <groupId>org.springframework.cloud</groupId>
    <artifactId>spring-cloud-starter-bus-kafka</artifactId>
    <version>1.3.2.RELEASE</version>
</dependency>
```

这样工程就创建好了。

14.5.4　项目启动

项目启动的顺序如下。

（1）服务端应用 config-server。

（2）客户端应用 config-client 和 config-client1。

在 kafka-tool 上查看 kafka-web 下的 Topics 组，可以看到多了一个名称为 springCloudBus 的 Topic，下面的 Partitions 组只有一个 Partition 0 的分片，如图 14-11 所示。

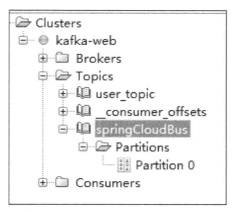

图 14-11　Bus 注册 Kafka Topic

Postman 请求效果如图 14-12 所示。

可以看到 springCloudBus 是在 0 分片上，如果两个 config-client 启动都出现上面的信息，证明启动成功了。然后访问一下 config-server 端。

图 14-12　Postman 请求效果

客户端 2 获取用户名称方法的代码如下。

```java
@RefreshScope
@RestController
public class UserController {
    @Value("${player.name}")
    private String name;

    @RequestMapping("/getMyName")
    public String getUserName() {
        return "config-client1name is:"+this.name;
    }
}
```

新增客户端 2 获取用户名称的方法，代码如下。

```java
@RefreshScope
@RestController
public class ConfigClientController {
    @Value("${player.name}")
    private String name;
    @RequestMapping("/getMyName")
    public String getUserName() {
        return "config-client2name is:" + this.name;
```

```
        }
    }
```

GitHub 上配置文件增加值，代码如下。

```
player:
    name: "winson-dev"
```

在浏览器中输入 config-client 请求地址，端口为 9000，查看输出的值，如图 14-13 所示。

图 14-13　客户端 1 输出值

修改端口为 9001，刷新浏览器，查看客户端 2 输出的值，如图 14-14 所示。

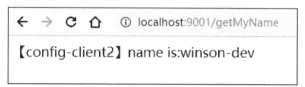

图 14-14　客户端 2 输出值

然后用 Postman 请求刷新地址：

localhost:8900/actuator/bus-refresh

用 Postman 请求进行刷新，效果如图 14-15 所示。

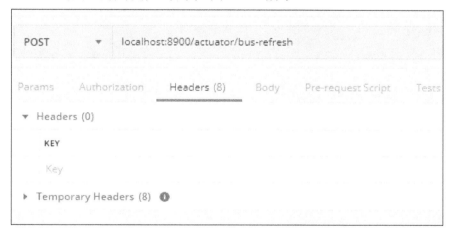

图 14-15　用 Postman 请求刷新

注意，这里用的是 post 请求，如果用 get 请求会提示找不到指定的 URL。然后刷新浏览器，可以看到两个配置客户端都读取到最新的值了，查看客户端 1 输出的值，如图 14-16 所示。

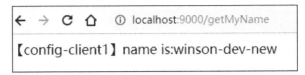

图 14-16　客户端 1 请求响应值

刷新浏览器页面，查看客户端 2 输出的值，如图 14-17 所示。

图 14-17　客户端 2 请求响应值

14.5.5　指定刷新范围

在上面的例子中，通过向服务实例请求 Spring Cloud Bus 的/bus/refresh 接口，从而触发总线上其他服务实例的/refresh。

Spring Cloud Bus 对这种场景也有很好的支持：/bus/refresh 接口还提供了 destination 参数，用来定位具体要刷新的应用程序，请求地址如下。

/bus/refresh?destination=serviceName:9000

此时总线上的各应用实例会根据 destination 属性的值来判断是否为自己的实例名。该请求会触发 customers 服务的所有实例进行刷新。

14.6　Bus 整合 RabbitMQ

14.6.1　Erlang 安装

Bus 整合 RabbitMQ 的流程如下。

（1）Erlang 部署。

安装文件可以去 Erlang 的官网下载，下载地址为 https://www.erlang.org/downloads。

可以看到最新的版本是 22.1，选择 64 位的二进制文件进行安装，如图 14-18 所示。

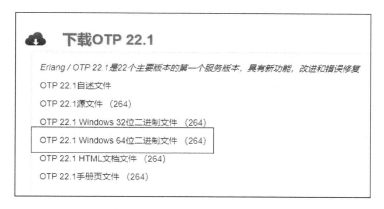

图 14-18 Erlang 二进制文件

这里要注意一个"坑"，就是要以管理员的权限进行安装配置，不然 RabbitMQ 会检测不到注册表有 Erlang，如图 14-19 所示。

图 14-19 以管理员权限进行安装配置

（2）RabbitMQ 部署。

同样是在 RabbitMQ 官网下载安装文件。

可以看到当前最新版本为 3.8.1，如图 14-20 所示。

图 14-20 RibbitMQ 安装文件

下载安装完成后，进入 RabbitMQ 安装目录下的 sbin 目录，在地址栏中输入 cmd 并按 Enter 键启动命令行，然后输入以下命令启动管理功能。

```
rabbitmq-plugins enable rabbitmq_management
```

控制台输出下列日志信息表示启动成功，如图 14-21 所示。

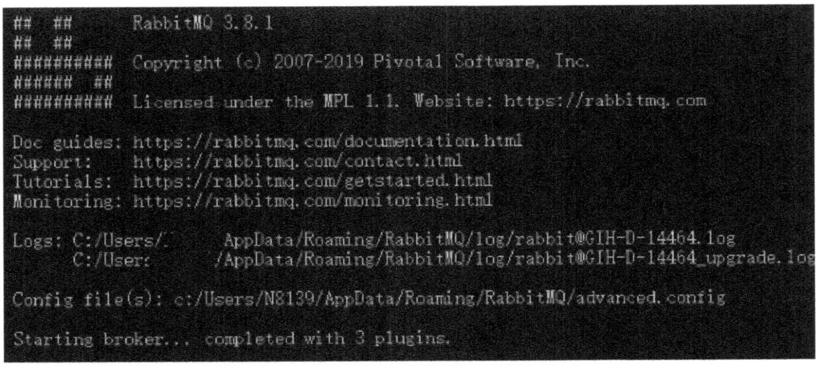

图 14-21　RabbitMQ 启动日志

在浏览器中输入 RabbitMQ 地址。

　　http://localhost:15672/

进入如图 14-22 所示的 RabbitMQ 登录页面表示启动成功。

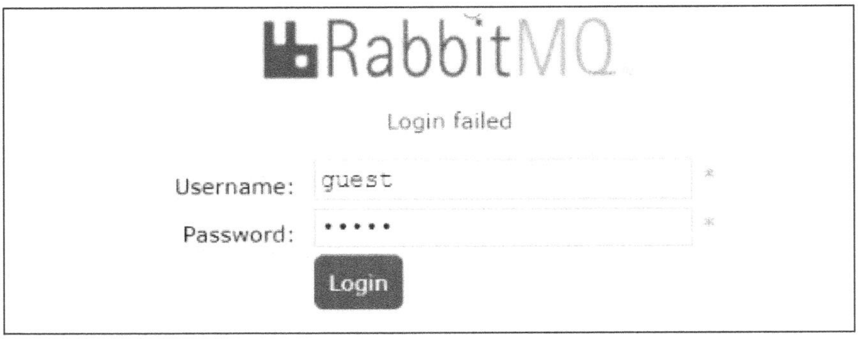

图 14-22　RabbitMQ 登录页面

输入默认的账号（guest）和密码（guest）进行登录，就可以进入 RabbitMQ 主页，如图 14-23 所示。

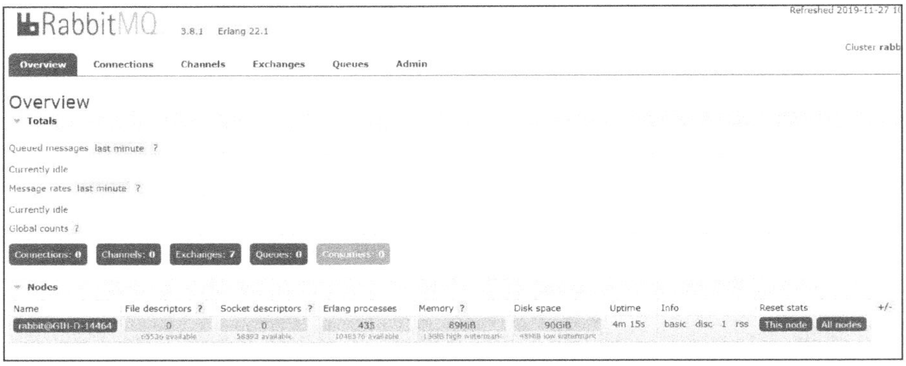

图 14-23　RabbitMQ 主页

14.6.2　Bus 服务端文件配置

Bus 服务端文件配置如下。

（1）应用端口号 8904 和应用名称 config-server。

```
server:
  port: 8904
spring:
  application:
  name: config-server
```

（2）configServer 配置地址。

```
spring:
  cloud:
    config:
      server:
        git:
          uri: https://gitee.com/macrozheng/springcloud-config.git
          username: macro
          password: 123456
          clone-on-start: true # 开启启动时直接从 Git 获取配置
```

（3）RabbitMQ 配置。

```
rabbitmq: #rabbitmq 相关配置
  host: localhost
  port: 5672
  username: guest
password: guest
```

（4）Eureka 注册中心配置。

```
eureka:
  client:
    service-url:
      defaultZone: http://localhost:8001/eureka/
```

（5）暴露 Bus 刷新配置的端点。

```
management:
  endpoints:
    web:
      exposure:
        include: 'bus-refresh'
```

完整配置如下。

```
server:
  port: 8904
spring:
```

```yaml
    application:
  name: config-server
spring:
  cloud:
    config:
      server:
        git:
          uri: https://gitee.com/macrozheng/springcloud-config.git
          username: macro
          password: 123456
          clone-on-start: true # 开启启动时直接从 Git 获取配置
    rabbitmq: #RabbitMQ 相关配置
      host: localhost
      port: 5672
      username: guest
password: guest
eureka:
  client:
    service-url:
      defaultZone: http://localhost:8001/eureka/
management:
  endpoints:
    web:
      exposure:
        include: 'bus-refresh'
```

给 config-client 添加消息总线支持，在 pom.xml 中添加相关依赖。

```xml
<dependency>
    <groupId>org.springframework.cloud</groupId>
    <artifactId>spring-cloud-starter-bus-amqp</artifactId>
</dependency>
```

然后配置应用端口号 9004 和应用名称 config-clientt。

```yaml
server:
  port: 9004
spring:
  application:
    name: config-client
```

最后配置 config 地址。

```yaml
spring:
  cloud:
    config:
      profile: dev #启用环境名称
```

```
        label: dev #分支名称
        name: config #配置文件名称
        discovery:
          enabled: true
          service-id: config-server
```

完整配置如下。

```
server:
  port: 9004
spring:
  application:
    name: config-client
  cloud:
    config:
      profile: dev #启用环境名称
      label: dev #分支名称
      name: config #配置文件名称
      discovery:
        enabled: true
        service-id: config-server
  rabbitmq: #RabbitMQ 相关配置
    host: localhost
    port: 5672
    username: guest
    password: guest
eureka:
  client:
    service-url:
      defaultZone: http://localhost:8001/eureka/
management:
  endpoints:
    web:
      exposure:
        include: 'refresh'
```

Kafka 一个 Topic 下面的所有消息都是以 Partition 的方式分布式地存储在多个节点上。

14.6.3 Bus 启动

启动顺序如下。

（1）启动 eurekaServer 服务端应用，作为注册中心。

（2）启动配置服务端 configServer 应用。

（3）启动配置客户端 configClient 应用。

（4）登录 RabbitMQ 的控制台。

（5）Bus 创建了一个名称为 springCloudBus 的交换机及 3 个以 springCloudBus. anonymous 开头的队列。

修改 Git 仓库中 dev 分支下的 config-dev.yml 配置文件。

```
config:
    info: "dev-info"
```

修改后的信息。

```
config:
    info: "dev-info-new"
```

调用注册中心的接口刷新所有配置。

```
http://localhost:8904/actuator/bus-refresh
```

刷新后再分别调用 9001 端口地址和 9002 端口地址。

```
http://localhost:9001/configInfo
http://localhost:9002/configInfo
```

获取配置信息，发现都已经刷新了。

```
dev-info-new
```

如果只需要刷新指定实例的配置，那么可以使用以下格式进行刷新。

```
http://localhost:8904/actuator/bus-refresh/{destination}
```

刷新运行在 9004 端口上的 config-client 实例。

```
http://localhost:8904/actuator/bus-refresh/config-client:9004
```


14.7　本章小结

本章主要讲解了 Spring Cloud Bus 的原理和使用方法，读者通过对本章的学习，可以更加熟练地在开发中配置服务刷新的功能。

Kafka 作为一款优秀的消息队列框架，在实现异步消息中发挥着非常重要的作用，对于需要处理大量消息的场景，如邮件/短信群发、数据统计等可以达到很好的效果。